健康遊樂園

體人

目　錄

推荐序　簡單有趣　適合闔家邊玩邊學...004

作者序　動動手　一起探索人體小宇宙...005

1 人體基本單位...007
　人體細胞是什麼樣子呢...008

2 食物與消化...015
　食物在腸胃道中如何移動...016
　小腸吸收營養的祕密...022

3 心臟與血液循環...029
　自己來做聽診器...030
　受傷了　血會一直流嗎...036

4 大腦的祕密...043
　大腦下指令　速度有多快...044
　比比看　誰的頭腦更靈光...050
　相同水溫　感覺為什麼不同...056

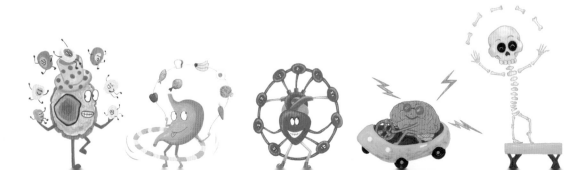

5 運動與平衡 063

玩一玩 人體脊柱模型 064

動一動 能屈能伸的肌肉 070

身體轉圈後 為什麼會頭暈 076

試試看 平衡感有多好 082

6 感官世界 089

眼睛如何看世界 090

找找看 視覺盲點在哪裡 096

聞聞看 味道有什麼不同 102

不靠鼻子 能夠分辨食物味道嗎 108

聲音聽起來為什麼不一樣 114

手臂和手指感覺一樣嗎 120

手指上的紋路個個不同 126

喉嚨如何發出聲音 132

7 呼吸與排泄 139

你的肺活量有多大 140

身體怎麼排出水分 146

8 生殖與遺傳 153

性染色體決定你是男還是女 154

你像爸爸還是媽媽 162

9 人體免疫力 169

勤洗手 大家一起來抗疫 170

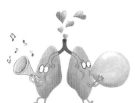

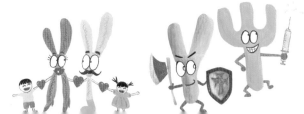

簡單有趣 適合闔家邊玩邊學

　　人體真的充滿驚奇與樂趣，這是在當了媽之後陪著小孩從洗澡、更衣、追著滿房間跑要穿脫尿布開始，跟著孩子會邊認識身體構造、邊發現！

　　為什麼肚臍那邊有個洞？肚子餓的咕嚕聲是從那邊傳出來的？為什麼耳朵會聽到聲音？十萬個為什麼、隨著孩子發現身體各個部位的不同而展開！這是在認識人體功能、與越發重要的身體界線，很重要的家庭必備。

　　如今這本《人體健康遊樂園》更有趣的一點，是結合市面上常見的身體結構介紹，與非常獨特的居家小實驗遊戲，讓孩子們更進一步認識：

　　為何小腸都要長長一條？長度增加、可以加強食物吸收？

　　為什麼我們皮膚會有感覺？感覺一個點或兩個點刺激是如何區分？把身體分門別類成各大系統，並且將遊戲DIY深入淺出帶領孩子理解各器官的運作原理，非常令人驚豔！

　　每項小遊戲也都有醫學實驗證據！比方皮膚兩點刺激實驗，將兩隻吸管斜剪靠攏後同時用尖端去觸點手掌、手背、指尖等不同區域，這是在神經科臨床會實際測試的兩點刺激（two-point discrimination），用此測試病人的觸覺感受能力，通常正常人可區分的距離差為：指尖二到四公釐、指背四到六公釐、手背二到三公分、軀幹六到七公分。可見皮膚在不同部位的感受能力差異。這些遊戲都是非常簡單又有意義的，很適合闔家一起邊玩邊學習喲！

■ 作者序　　　　　　　　　　　　　陳盈盈

動動手 一起探索人體小宇宙

學習應該是充滿樂趣的。

記得小時候，看見大人手背上的青筋，心裡充滿了疑問。媽媽說青筋是血管，裡面裝滿了血液，我覺得血液就像人體裡的河流，好有趣啊！為什麼人體需要血液？流血了，怎麼辦？食物吃進身體裡，發生了什麼事？跑步完，心臟好像要從胸口跳出來，又是怎麼回事呢？如果孩子天生對於事物的好奇，可以從學習中得到滿足與啟發，會是件多麼開心的事啊！

透過科學的進步，我們了解到，人體內部其實是複雜、精細而完美的運作著。即使到今天，科學家仍不斷努力探究，想解開許多人體的答案。然而，一般人對於身體如何運作，甚至是各個器官的基本了解，往往也很有限。

孩童對於知識的好奇，透過動手操作，可以很有效的學習，也能夠激發更多對於科學探索的熱情。看似簡單而理所當然的事情，背後都有著不簡單的原理。

期待透過動手實驗，讓孩子體驗學習的樂趣，以家中隨手可得的簡易用品，安全輕鬆的操作。本書內容涵蓋身體主要器官，搭配深入淺出的說明，並參考國中、高中生物課本的篇章安排，從細胞、消化和循環，到認識大腦、運動、各種感官、呼吸與排泄、生殖遺傳，最後是熱門話題病毒與人體免疫力。每個單元最後的「玩出健康力」，教導孩子正確的健康觀念，學習照顧自己。

期待孩子們能從親自操作和淺顯的文字閱讀中得到樂趣，讓科學知識從小扎根。

1

人體基本單位

不同生物有著各式各樣的外觀，但幾乎所有生命都是由「細胞」組成的。細胞是什麼？如何「組裝」成複雜的人體？小小的細胞，看似簡單，學問可大了！

人體細胞
是什麼樣子呢

　　你玩過積木嗎？有沒有用積木蓋過城堡或是組合過機
器人呢？城堡和積木都是由一個個小積木堆疊而成，我們
的身體也像積木一樣，是由無數的「細胞」組合而成呵！
細胞是組成我們身體的最小單位，今天我們就來做一個細
胞模型。

▌你需要準備

少量果凍粉（約
一百公克，可選擇
自己喜愛的口味）

可盛裝四百五十
西西熱水的容器
或瓶子

一個乾淨的
小型密封袋

一顆小番茄
或葡萄

▌進行步驟

1 在大人的協助下，在瓶子裡裝進大約四百五十西西（量米杯大約三杯）的煮沸熱水。

2 將一百公克左右的果凍粉倒入瓶子裡，均勻攪拌。

3 熱呼呼的果凍先在室溫下冷卻。

4 趁果凍凝結之前，小心倒入密封袋內，盡可能多裝一些。

5 放進一顆洗乾淨的小番茄或葡萄。

6 將密封袋的邊緣仔細封好，平鋪在冰箱內，水果置於密封袋的中心，小心別弄破袋子。

7 耐心等待一到兩個小時，再將塑膠袋從冰箱裡拿出來，平放在桌上。

8 用手指輕戳或按壓塑膠袋，果凍是不是會跟著改變形狀？

　　這個裝滿果凍的袋子，就是一個放大了無數倍的細胞模型，大部分細胞會主動或被動的改變形狀。塑膠袋代表保護細胞外緣的細胞膜；裡面的水果，代表細胞的指揮中心 ── 細胞核；果凍則代表充填在細胞裡的物質，稱為細胞質。當你完成這些觀察，就可以把果凍和水果從袋裡倒出來，吃點心了。

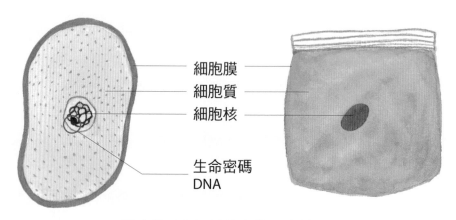

細胞膜
細胞質
細胞核

生命密碼
DNA

▲ 果凍袋（右）是放大的細胞模型。

生命的基本單位

　　各式各樣的細胞組合在一起，彼此分工合作才成為人體。細胞非常的小，小到必須透過顯微鏡才能觀察到。人的眼睛、皮膚、肌肉、骨頭，和內臟器官如大腦等，都是由不同的細胞組成的。

細胞是很神奇的生命體，像某些細菌或變形蟲是由一個單獨的細胞構成生命，但是人體裡的細胞可厲害啦！除了細胞數量多，不同的細胞，功能也不同。每個小朋友的生命，是由爸爸的精子細胞和媽媽的卵細胞結合而成的，隨著細胞不斷增生和分化，細胞的形狀和功能也變得大異其趣。例如紅血球細胞將氧氣運送到身體各處；肌肉細胞組合成的肌肉幫助人運動；而大部分由神經細胞所組成的大腦，可讓人思考、記憶、運算數學。

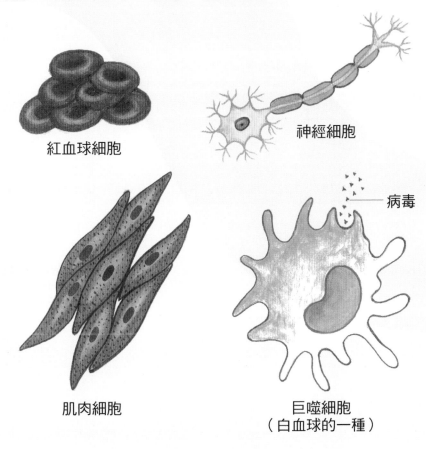

紅血球細胞

神經細胞

病毒

肌肉細胞

巨噬細胞
（白血球的一種）

▲ 人體由各式各樣的細胞組合在一起。

細胞裡有什麼？

　　動物細胞的外圍是薄薄的細胞膜，就像細胞的皮膚，包圍並保護細胞內的物質，細胞膜上有微細的孔洞，可以讓物質進出細胞。布滿細胞中的則是細胞質，也就是細胞的身體，裡面有各種功能的小物質，幫助細胞進行它們的任務與新陳代謝。

　　細胞的中心點是細胞核，就是細胞的指揮中心，裡面有細胞的生命密碼「DNA」（生物遺傳物質），指揮細胞該做什麼事情，例如細胞數量不夠了，或是老化了，細胞核就會指揮細胞分裂，形成一模一樣的兩個細胞，然後再各自分裂。每天人體裡都有許多細胞老化、死去，然後長出新的細胞，就這樣，身體才能長大，傷口也會逐漸癒合。

　　透過細胞，我們逐漸了解人體到底是如何運作的，一直到現在，科學家都非常努力的在研究細胞呵！

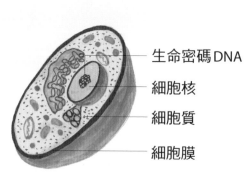

生命密碼DNA

細胞核

細胞質

細胞膜

▲ 人體細胞的構造。

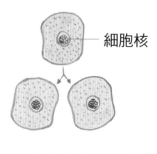

細胞核

▲ 細胞核會指揮細胞分裂，形成一模一樣的兩個細胞。

睡得飽　長高又變壯

　　祖母輕輕哼著搖籃曲：「嬰仔嚶嚶睏，一暝大一寸……」雖然嬰兒一個晚上長不了一寸高，不過，在睡覺的時候長大，不是完全沒有依據的。

　　我們晚上睡覺的時候，身體會分泌一種「生長激素」，可促進細胞分裂，長出新的細胞，幫助發育，小朋友就在不知不覺中長高，身體也變得更壯了。長大以後，雖然不會再長高，但是生長激素還是會修補受傷的細胞和組織。

　　此外，睡眠對於大腦的發育和身體活力的恢復也很重要。所以，小朋友每天都要早早上床睡覺，睡得飽，才會有聰明的頭腦和健康的身體呵！

食物與消化

肚子餓了，想吃點東西嗎？有沒有想過，我們為什麼要吃東西呢？吃進去的東西，在身體裡又發生了什麼事情？食物從下肚到排出糞便，可說是經歷了一連串漫長又複雜的旅程呢！

食物在腸胃道中如何移動

 動動手 玩一玩

我們每天都需要進食，想知道我們吃下的食物在身體裡是如何移動的嗎？透過簡單的擠牙膏實驗就可以知道了！

▊ 你需要準備

一個紙杯
（或塑膠杯）

一條牙膏

進行步驟

1 將牙膏的蓋子轉緊。

2 手指沿著牙膏的不同方向擠壓。

3 將蓋子拿掉，然後對準紙杯。

4 再用手指將牙膏擠進紙杯內。

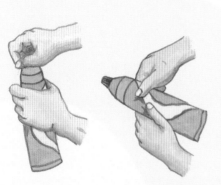
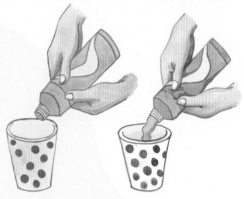

邊玩邊學

　　實驗中，牙膏代表我們胃裡的食物，牙膏蓋代表連接小腸和胃的幽門；紙杯代表小腸，手指從不同方向擠壓牙膏，則代表食物在胃中不斷的被攪拌與消化。

　　我們的胃就像一個袋子，掛在腹腔的左上方。食物從口腔進入，經過食道，到達胃，再被送到小腸。

　　胃的彈性很大，可以容納我們一餐所吃下的食物。胃還有很厚的肌肉層，透過不斷的收縮、擠壓，能將食物磨碎，和消化酶充分混合。

💡 消化道將食物緩慢推送

　　當我們將牙膏蓋拿掉，擠壓牙膏，就代表食物在胃中消化得差不多了，需要被送入小腸中的十二指腸。這時，胃和十二指腸相接處的「幽門」會打開，讓食物緩緩通過，在腸道中進一步被消化和吸收。

　　消化道中的肌肉會規律性的收縮，自動將食物往前推送。食物在食道、胃和小腸中移動的方式，就像擠牙膏一樣，朝著固定的方向緩慢前進。

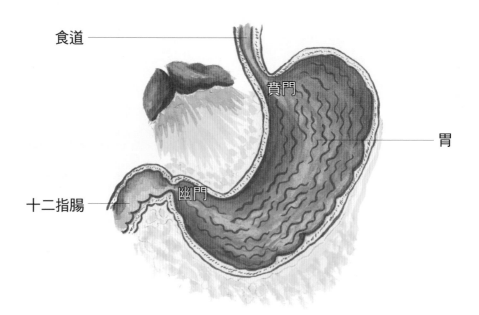

食道

賁門

胃

十二指腸

幽門

　　▲ 胃和食道、十二指腸的相接處分別是
賁門、幽門，平時是關閉的，只有在食
物通過時，才會打開。

身體資源回收廠

　　身體需要食物提供熱量，供應每天的活動和新陳代謝，因此，每隔一段時間，我們就需要進食。而消化系統就是我們身體裡的超級資源回收廠，在這座大工廠內，根據食物種類的不同，也有各種不同的「消化酶」，讓食物變成更小的分子結構，再被身體吸收與利用。有些轉換為身體活動時消耗的熱量，有些則成為我們身體的一部分。

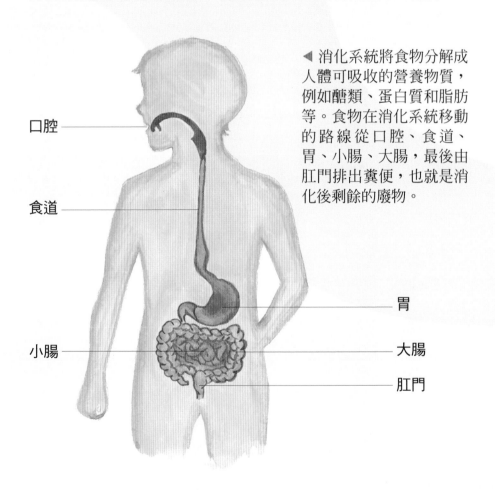

口腔

食道

小腸

胃

大腸

肛門

◀ 消化系統將食物分解成人體可吸收的營養物質，例如醣類、蛋白質和脂肪等。食物在消化系統移動的路線從口腔、食道、胃、小腸、大腸，最後由肛門排出糞便，也就是消化後剩餘的廢物。

💡 口腔是消化食物的第一站

我們的唾液（口水）就是一種消化酶，能夠將食物中的澱粉分解成更小的分子。

張開嘴巴，可以看到形狀各異的牙齒，這些不同種類的牙齒，作用也各不相同。例如門齒可以將食物切割成小塊狀；形狀尖銳的犬齒用來撕裂食物；後方的臼齒則負責將食物研磨得更細。

食物藉由牙齒的咀嚼，和唾液混合，食物中的澱粉就會慢慢被分解，進一步被身體吸收。

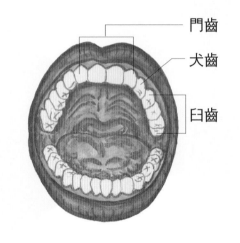

門齒

犬齒

臼齒

▶ 形狀和功能各異的牙齒。小朋友成年以後，上下排牙齒的後方，將在左右各長出一顆智齒。

💡 胃酸分解蛋白質

「胃酸」是胃所分泌的消化液，酸性很高，能夠殺死細菌，並分解我們所吃下的蛋白質，像肉類或是豆製品。胃中有食物時，會緩慢的收縮蠕動，讓食物和胃酸充分攪拌，再進入小腸。

細嚼慢嚥　腸胃更健康

　　當我們看到、聞到，甚至只要聯想到美味的食物時，大腦就會下令口腔分泌唾液，準備開始工作了。

　　含有澱粉的食物在口腔內被分解成較小的分子，方便腸胃消化吸收。雖然澱粉的甜分不高，但是分解成更小的分子之後，就很香甜了。所以進食的時候要細嚼慢嚥，讓食物在嘴裡多停留片刻。而澱粉在口腔中被分解得越小，嘗起來就越美味可口。

　　食物在口腔中被咀嚼、研磨得越細緻，進入胃和小腸之後，就越能減輕胃和小腸的工作量。

　　除此之外，細嚼慢嚥也是減重的好方法。細嚼慢嚥可以讓食物慢慢進入消化系統，當腸胃工作一段時間之後，就會將訊息傳遞給大腦，提醒我們已經吃飽了，這時，我們就會有飽足感而停止進食。反之，狼吞虎嚥的結果，訊息來不及傳遞，往往就會導致飲食過量，造成肥胖。

小腸吸收營養的祕密

動動手 玩一玩

　　小朋友，你知道我們吃進去的食物，在哪裡被吸收成為身體需要的營養嗎？答案是「小腸」。小腸是如何吸收食物中的養分呢？透過簡單的小實驗，就可以了解咯！

▌你需要準備

| 有顏色的膠帶 | 油性簽字筆 | 廚房紙巾四張 | 透明玻璃杯 |

▍進行步驟

1 將膠帶貼在玻璃杯的側面，從瓶底到瓶口以縱向方式貼好。

2 在玻璃杯內裝滿水，並在膠帶上畫下水位的高度。

3 將一張紙巾對摺，再反覆對摺三次之後，成為一個小方形，放進杯內。

4 將紙巾完全浸泡於水中。當紙巾吸進水之後，再從杯內取出，然後在水位高度上做一個記號。

5 再次將杯子裝滿水，和第一次的水位高度相同。

6 這次將三張紙巾疊在一起，反覆對摺四次之後，將紙巾完全浸泡於水中。

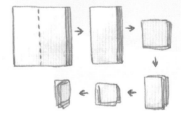

7 把吸滿水的紙巾取出，同樣在膠帶上做出水位高度的記號。

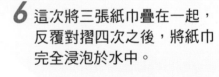

結果發現，三張紙巾疊在一起同時浸泡後減少的水量，會比只浸泡一張疊在一起的紙巾的水量減少許多。

如同摺疊後的紙巾，人體的小腸裡也有許多環狀摺皺的內層，上面還有大量的「絨毛」，幫助我們吸收食物的養分。

消化與吸收食物的通道

食物經過口腔和胃的初步消化後，就來到了小腸，小腸大約有四到六公尺，是一條很長的食物通道，我們所吃下的食物，主要就在這裡被消化與吸收。

小腸的最前端稱為「十二指腸」，大約是十二根手指頭併排加起來的長度。這裡有來自肝臟和胰臟的消化酶，能夠將食物中的營養成分，例如醣類、蛋白質和脂肪，分解成更小的分子結構，以便讓身體吸收和利用。

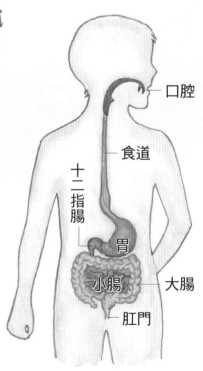

口腔

食道

十二指腸

胃

小腸

大腸

肛門

▲ 我們吃下的食物，在小腸消化與吸收。

小腸透過絨毛吸收養分

　　小腸是人體消化系統中相當重要的器官，負責將食物中的養分吸收到身體裡。小腸的最內層是皺摺狀的組織，上面布滿了一根根細小的「絨毛」。粥狀食糜從胃進入小腸後，會被小腸外層的肌肉慢慢推擠前進。食糜的營養素就透過絨毛逐步被吸收，再經由血液循環到全身使用。

　　如果將小腸內層完全攤開，有一個網球場那麼大，而擁有如此大的表面積，才能夠將食物中的營養成分盡可能的吸收到體內。

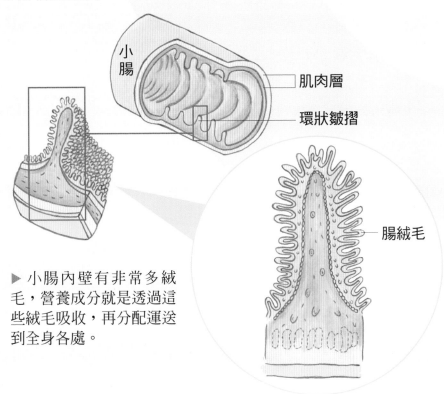

▶ 小腸內壁有非常多絨毛，營養成分就是透過這些絨毛吸收，再分配運送到全身各處。

糞便的形成

小腸將食物中的營養成分吸收之後，剩餘的物質就會被送到大腸。大腸是消化系統的最後一站，它的形狀像一個ㄇ字型，大腸會吸取食物殘渣中的水分和電解質。之後，這些殘渣經過大腸肌肉的推送，緩慢前進，最後形成固體狀的糞便，經由大腸末端的開口 ── 肛門，排出體外。

食物進入我們的口腔後，直到形成糞便排出為止，通常需要經過二十至二十四小時漫長的旅程。

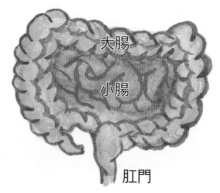

▲ 大腸的形狀像一個ㄇ字型。

大腸內的共生細菌

大腸裡可以發現人類和細菌共生的關係，這裡住了一些有益人體的細菌，最常見的就是「大腸桿菌」。這些細菌以人體消化後的食物殘渣為食，並製造出許多對身體相當重要的維生素，例如葉酸、維他命K等。它們依賴人體生存，對人類而言也相當重要。

多吃蔬果 幫助排便

消化正常時，糞便在大腸移動的速度很慢，但是，如果我們吃了不乾淨的食物，腸胃受到刺激，就會快速蠕動，這時食物中的水分來不及被大腸吸收，糞便無法成形，就會出現腹瀉的情況。

通常，排便的過程是「順暢」而不費力的。常見的排便問題，多是因為蔬菜水果的攝取量不足，糞便在大腸的移動速度變得更慢，過量的水分被吸收，糞便就變得又乾又硬，造成排便困難，就是俗稱的「便祕」。久而久之，就可能出現病變。蔬菜水果除了提供身體必要的營養素之外，其中富含的纖維素能夠幫助排便，所以最好每餐都能攝取足量的蔬果，維持腸胃道的健康。

雖然我們無法直接看到食物在體內被消化吸收的過程，但透過觀察糞便和排便的情形，也可以略知一二呵！

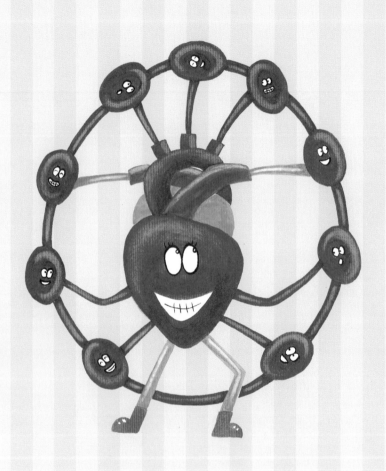

3

心臟與血液循環

跑步後，心臟砰砰跳時，
我們才感受到它的存在。
其實，心臟是身體最辛苦
的器官之一，永遠沒有休息
的時候，除非……呵呵！
這顆跳個不停的心臟到底
在忙什麼呀？

自己來做
聽診器

看病時，有時候醫生會用聽診器為你做檢查，看起來似乎很神氣，其實醫生是利用聽診器聽你的心跳聲。你也可以自己動手做一個聽診器，聽一聽心臟的跳動呵！

你需要準備

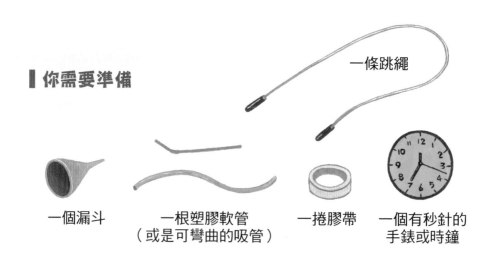

一條跳繩

一個漏斗　　一根塑膠軟管　　一捲膠帶　　一個有秒針的
　　　　　　（或是可彎曲的吸管）　　　　　　手錶或時鐘

▎進行步驟

1 將塑膠軟管（或是可彎曲的吸管）的一端套進漏斗底部。如果口徑大小不合，用膠帶黏好固定。

2 把漏斗放在心臟的部位（胸部中間偏左），將塑膠軟管的另一端貼近耳朵，可以聽到「撲通、撲通」的心跳聲。如果沒有聽到聲音，慢慢移動漏斗，找到正確的位置。

3 計時一分鐘，數數看你的心跳幾下。也可以找朋友一起來試試，互相聽對方的心跳聲。

4 拿起跳繩連續跳一分鐘後，停下來立刻數數看自己的心跳，一分鐘跳幾下。

還有一種測量心跳的方法，是數脈搏的次數。脈搏就是動脈的搏動。

手腕向上，用另一隻手的三根指頭，輕壓拇指下方手腕線以下的部位，稍微轉動手腕後固定不動，專心去感覺動脈輕微的振動。動脈的搏動來自於心跳，因為心臟每次收縮時，會將血液送到動脈，產生搏動。

　　心臟是身體裡最辛苦的器官，當你在媽媽肚子裡二十多天大時，心臟就已經成形，並且開始跳動了，一天二十四小時不停的工作，直到生命結束，心臟才停止跳動。

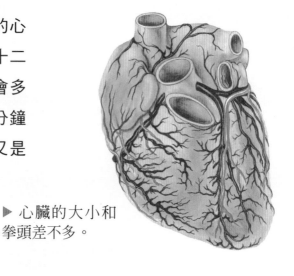

　　平時，正常人的心跳一分鐘大約是七十二下，小朋友的心跳會多一些。你的心臟一分鐘跳幾下呢？運動後又是多少？

▶ 心臟的大小和拳頭差不多。

心臟有四個房間

　　你知道嗎？其實每個人都是「偏心」的呵！因為心臟的位置是在胸部中間偏左的地方。它的大小和拳頭差不多，分為左右兩邊，左邊上下分別是左心房和左心室，右邊上下則是右心房和右心室，一共有四個「房間」。

心房和心室中間的「門」，稱為「房室瓣」。血液由心房流向心室時，房室瓣打開；心室收縮，送出血液，房室瓣則關閉。房室瓣一開一關，就是我們聽到「撲通、撲通」的聲音啦！

　　輕輕按壓手腕可以感覺到脈搏的跳動，是因為動脈在這裡很接近手腕的皮膚，因此，可以感受到心臟每一次收縮，將血液送到動脈產生的波動。

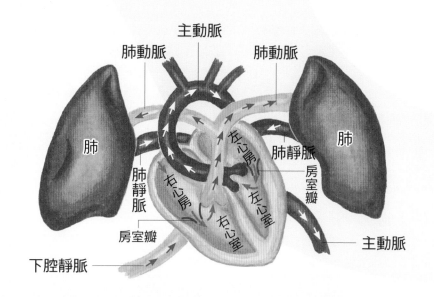

　　▲ 圖為血液的肺循環路徑。血液從全身回到心臟後，進入右心房→右心室→肺動脈→肺→肺靜脈→左心房→左心室→主動脈→全身各器官→上腔（下腔）靜脈→右心房，如此循環不已。

心臟為什麼跳動

我們呼吸時，吸進肺裡的氧氣會藉由血液運送到全身，並帶走細胞代謝的廢物（如二氧化碳）。而心臟就像一個不停工作的超級馬達，每一次的跳動都把血液擠壓出來，讓血液能在全身不斷循環流動。借助心臟的跳動，血液在不到一分鐘的時間之內，便可以流遍全身一圈。

兩條重要的跑道

身體裡的細胞能夠持續的得到氧氣，並排出代謝的廢物，主要是透過循環系統兩條非常重要的跑道，一條叫做「體循環」，心臟收縮而打出來的血液，將氧氣送到全身各處的細胞，同時也帶走二氧化碳，回到心臟。另一條叫做「肺循環」，心臟將這些充滿二氧化碳的血液，送到肺部，進行氣體交換，使血液再度充滿了氧氣，然後回到心臟。

運動和緊張心跳特別快

運動時，肌肉努力工作，會消耗大量的氧氣，因此心臟會快速跳動，加速血液循環，並且配合呼吸，供應更多的氧氣到全身。緊張的時候，心跳也會加快，讓身體隨時可以應付環境的變化。

有氧運動 增強心肺又減重

　　有氧運動是一種幫助我們增強心肺功能的運動，還可以減輕體重。一開始需要先花十分鐘熱身，再進行比較激烈的運動，維持最快心跳十二到十五分鐘，最後再利用十分鐘逐漸緩和下來，回到正常的心跳。總共約需三十分鐘，每週進行三次。像游泳、慢跑或騎自行車，都是很好的有氧運動。

　　用二百二十減去你的年齡，再乘以零點七，就是你在運動時應該達到的最快心跳。假設你十歲，你在運動時的最快心跳，應該達到每分鐘一百四十七下，並持續十二分鐘以上。（220 － 10）× 0.7 ＝ 147。

受傷了
血會一直流嗎

　　每個人幾乎都有受傷流血的經驗，當血液從傷口流出時，可能會感到有些害怕。幸好身體有止血的機制，一段時間後，傷口就會慢慢凝結，然後結痂，最後癒合。我們可以做個小實驗，了解一下身體如何幫助傷口止血。

一把剪刀

▎你需要準備

一顆棉球

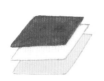

紅、白、黃三種顏色的圖畫紙各一張

一個透明玻璃杯

一張厚紙板或不要用的墊板（大小比玻璃杯的口徑大）

▋進行步驟

1 剪下一小塊厚紙板（或墊板），大小比玻璃杯的口徑稍大，以厚紙板代表皮膚。

2 將厚紙板對摺，在中心處剪下一個直徑大約二點五公分的圓。再把厚紙板張開，這時厚紙板中心有一個洞，代表傷口。

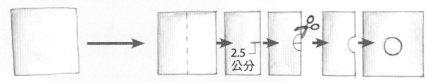

2.5
公分

3 將有洞的厚紙板平放在玻璃杯上。

4 在紅、白、黃色的圖畫紙上各剪下二十個小圓點，每個小圓點直徑大約一公分，分別代表體內的紅血球、白血球和血小板。

5 各拿十個紅、白、黃色的小圓點放在厚紙板上方，讓它們自動落下（下），是不是好多都掉進洞裡了？這代表血管破裂，血液（包括紅血球、白血球和血小板）會從傷口流出來。

6 把棉球拉平攤開，覆蓋在洞口，繼續將其他的小圓點從厚紙板上方撒落，現在這些小圓點就不會再掉進洞裡了。這代表破損的血管被堵住，血液不再繼續從傷口流出。堵住洞的小棉球就代表慢慢凝固的血液，將傷口堵住了。

我們身體的血液由兩個部分組成，其中百分之五十五是血漿，百分之四十五是血球——紅血球、白血球和血小板。

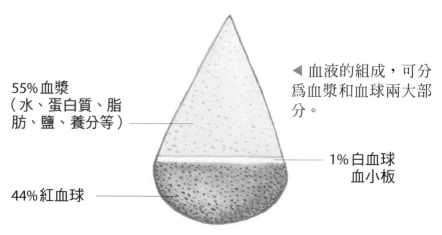

55%血漿
（水、蛋白質、脂肪、鹽、養分等）

44%紅血球

1%白血球
血小板

◀ 血液的組成，可分為血漿和血球兩大部分。

紅血球的外形像個中間凹陷的小圓盤，負責將氧氣從肺部送到全身的細胞；白血球比紅血球大，形狀不一，是身體裡的小武士，負責巡邏、打擊外來的細菌和病毒；血小板是碎屑般的微小物質，卻是凝固血液的大功臣，身體止血就靠它們咯！

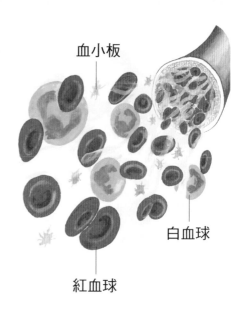

血小板

白血球

紅血球

血小板幫助血液凝固

　　當我們受傷時，靠近皮膚表面的血管破裂了，血液便從傷口流出來。這時，血小板就會和血漿中的蛋白質互相沾黏聚集，形成纖維蛋白（也就是實驗中的棉球），把傷口堵住。等到這些纖維蛋白凝固變硬結痂之後，傷口就會癒合，除了止血，還可避免細菌侵入體內。等到新的皮膚長出來時，痂皮就會自然脫落了。

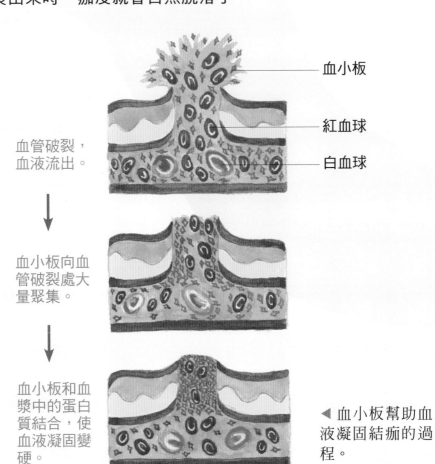

血管破裂，
血液流出。

血小板向血管破裂處大量聚集。

血小板和血漿中的蛋白質結合，使血液凝固變硬。

血小板

紅血球

白血球

◀ 血小板幫助血液凝固結痂的過程。

流鼻血時 身體前傾 按壓鼻翼

提到流血，許多人都有流鼻血的經驗，由於鼻腔內部充滿了豐富的微血管，一旦出血後，身體需要花比較長的時間才能自動止血。在感冒或是鼻子過敏的時候，微血管會充滿比平時更多的血液，用力擤鼻涕甚至打個噴嚏，或是手指挖鼻孔，血管很容易就會破裂而出血。

萬一流鼻血時應該怎麼辦呢？

首先不要驚慌，保持鎮定坐下來，然後用拇指或食指壓住鼻子下半部鼻翼的位置，因為流鼻血大多數是鼻翼前端的微血管破裂造成的，這時可利用加壓的方式來止血，大約十分種就可以止血了。如果手邊有冰塊，還可以冰敷眉心下方，幫助血管收縮，減緩血流速度。

要注意的是，千萬不要將頭往後仰，因為鼻血可能倒流進入氣管而嗆到。如果超過十分鐘還是血流不止，有可能出血位置在鼻腔後側或是其他原因，要儘快到醫院請醫生幫忙處理。

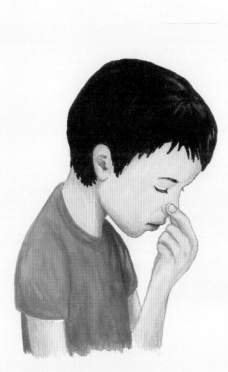

▲ 流鼻血時，身體向前傾，可用手指按壓鼻翼止血。

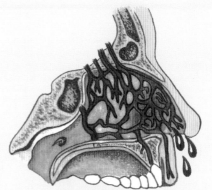

鼻腔前側出血

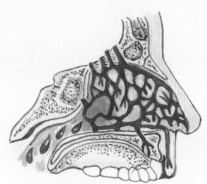

鼻腔後側出血

4

大腦的祕密

人之所以不同於其他動物，主要在於我們有一個發達的大腦。到今天為止，大腦仍有許多未解之謎，讓科學家著迷不已呢！讓我們透過幾個簡單實驗來認識這個複雜的大腦吧！

大腦下指令 速度有多快

動動手 玩一玩

　　日常生活中，大腦主控我們大部分的行為，口渴了，為自己倒杯水喝；或是回答課堂中老師的提問。想不想知道從大腦下達指令的速度有多快呢？一起來做個簡單又有趣的實驗吧！

你需要準備

剪刀

一枝筆

一把三十公分的直尺（或長度超過三十公分的硬紙板）

參與人數

兩人（以上）

▌進行步驟

1 如果沒有三十公分的長尺，可以將硬紙板剪成細長的形狀，長約三十公分，寬約四公分，中間畫上一條一條的分隔線，每條分隔線相距約兩公分。

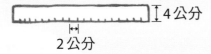

2 找一個同伴一起實驗。和同伴面對面，你拿著長尺的頂端，請同伴將手放在長尺的末端，但手不要碰到尺。

3 請你的同伴準備好，當你將手放開後，他要以最快的速度接住落下來的長尺。

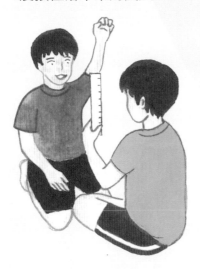

4 在他所接住的位置，在長尺上做個記號。記號的位置與長尺末端越接近，代表反應速度越快。

5 角色交換，換成你的同伴拿尺，由你來接住，看看你的反應如何？

6 請你的朋友或家中其他成員一起來試試，看誰的反應最快？

　　身體透過神經細胞傳遞訊息，一站接著一站，有點像接力賽，但速度卻非常快。接住直尺的時間雖然短，身體卻做了許多事：當直尺落下，眼睛看到了，將訊息經由感覺神經傳遞到大腦，告訴大腦直尺掉下來了，大腦立刻下達指令沿著脊髓傳送到手指的肌肉，手指肌肉接到訊號後收縮，於是在零點幾秒之內，接住了直尺。直尺落下到接住，就是大腦和神經肌肉系統反應的時間。

人體神經系統　收集訊息並傳遞

　　人體的神經系統主要由神經細胞組成，可以使我們感受周遭環境的變化，並做出適當的反應。這是因為神經系統會收集感官像視覺、聽覺、觸覺、味覺等，所接收到的外界訊息，回傳到大腦，經過大腦的綜合分析、整理和判斷，做出適當的決定和反應。例如物體飛到眼前，眼睛會馬上閉起來。

　　有時候我們看到可怕的東西會想要閃躲；聽到熟悉的樂曲可能勾起一段回憶；聞到媽媽的飯菜香忍不住食指大動，這些都是神經系統收集來自感官的訊息，帶給我們不同的感受。

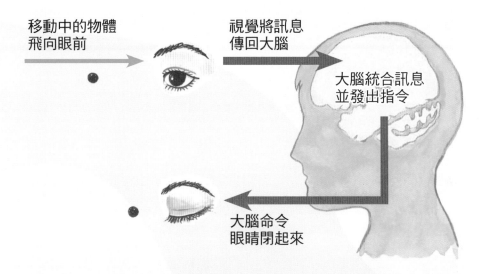

移動中的物體
飛向眼前

視覺將訊息
傳回大腦

大腦統合訊息
並發出指令

大腦命令
眼睛閉起來

▲ 物體突然飛到眼前，眼睛看到時，將訊息透過神經細胞，傳遞到大腦，大腦會立刻下指令，透過神經細包傳遞訊息給眼睛，命令眼睛馬上閉起來。

　　此外，神經系統也會收集來自全身各種不同的訊息，傳遞到腦和脊髓，然後接受指令，再經由運動神經做出反應。例如：打預防針時，針扎進皮膚裡，痛的刺激經由感覺神經傳到大腦後，於是產生痛的感覺，同時大腦思考判斷做出反應。例如有的人覺得委屈而哭了，但也有的人決定忍住不哭。

反射作用保護人體 免於受到傷害

　　身體有一些行為屬於反射作用，也就是不需要經由大腦思考，身體就會自動、快速的反應。例如手指頭接觸到尖刺，或是很燙的東西，會自動縮回來；還有打嗝、打噴嚏等，這些都是身體自我保護的本能。

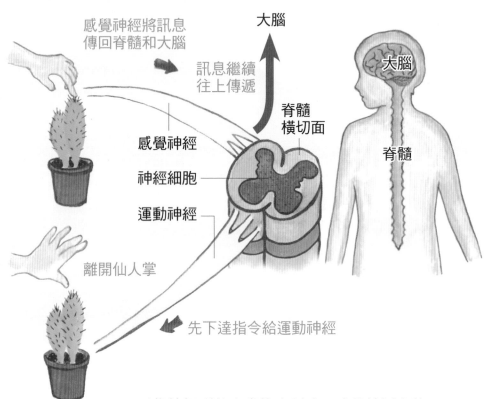

感覺神經將訊息傳回脊髓和大腦

大腦

訊息繼續往上傳遞

感覺神經

神經細胞

運動神經

脊髓橫切面

大腦

脊髓

離開仙人掌

先下達指令給運動神經

▲ 手指接觸到仙人掌的尖刺時，感覺神經會將痛的訊息傳遞到脊髓，再傳遞到大腦。但是，訊息抵達脊髓時，脊髓會先下指令給運動神經，讓我們的手離開仙人掌。

少戴耳機　保護聽力

　　有些人喜歡帶著耳機聽歌曲，把音量放得很大，邊聽邊哼，沉浸在自己的音樂天地中，看起來很酷！不過，長期使用耳機，可能會損害我們的聽力呵！

　　聲音傳入耳朵後，聲波會引起耳膜振動，之後聽覺神經再傳遞到大腦。一般而言，這對於耳膜的刺激是相當輕微的，但是帶著耳機聽音樂，聲波透過相當短的距離送進耳裡，對耳膜是比較大的刺激。

　　我們的耳朵如果長期接受這樣的刺激，而且在噪音很大的環境下，神經細胞會受到不可逆的損害，影響聽力。

　　所以，如果想欣賞音樂，最好還是在安靜的環境下，用音響直接播放，才不影響聽力！

比比看
誰的頭腦更靈光

動動手 玩一玩

　　我們每天的生活都充滿了各種不同的行動，例如：口渴了想喝水、回答別人的問題、聽完笑話後呵呵大笑，或是破解困難的數學題等，無論是有意識或是無意識的，這些行為都是透過大腦來指揮的！你的大腦靈光嗎？今天就來玩個有趣的色彩遊戲，測驗看看。

▌你需要準備

一張紙

七枝不同顏色的彩色筆
（或蠟筆）

▌參與人數

兩人（以上）

▎進行步驟

1 用彩色筆在紙上寫下七種不同的「顏色名稱」，但是，你寫出的顏色名稱與手中的筆的顏色不能相同。例如：「黃色」（顏色名稱）不能用黃色的筆寫，而要用「紅色」或「綠色」或其他顏色的筆寫。

2 請你的同伴用很快的速度，依照順序，大聲讀出紙上所寫的「顏色名稱」。

紅色 ＝ 紅色
黃色 ＝ 黃色
藍色 ＝ 藍色
紫色 ＝ 紫色
綠色 ＝ 綠色
黑色 ＝ 黑色
橘色 ＝ 橘色

3 第二次再依照同樣的「顏色名稱」順序，很快的大聲說出每一種「顏色」，而不是紙上寫的字。

紅色 ＝ 綠色
黃色 ＝ 藍色
藍色 ＝ 黃色
紫色 ＝ 橘色
綠色 ＝ 紅色
黑色 ＝ 紫色
橘色 ＝ 粉紅色

4 找家人或其他朋友一起玩，比較一下前後兩次有什麼不同？

第一次讀出「顏色名稱」時，速度比較快，但第二次讀出紙上的「顏色」時，速度明顯變慢，還有一點結巴，對不對？這是為什麼呢？

人體的指揮中心

　　大腦是我們身體的指揮官，身體所有的感覺，例如：眼睛看到什麼、耳朵聽到什麼、嘴巴吃了什麼、鼻子聞到什麼、皮膚感受到什麼，還是餓了、口渴、肚子痛等，都要回報給大腦。然後大腦就會下達指令，給身體的各個部位來做出反應。比如說，口渴了，伸手拿水杯喝水；肚子餓了，要吃東西。此外，大腦還會幫助我們理解、記憶、擁有許多情緒和感受。

大腦的功能區域

　　科學家發現，大腦的許多功能都可以找到相對應的區域，有的區域負責語言，有的區域則負責運動，還有視覺和聽覺等。

　　小提琴家的手指特別敏捷，相對應的大腦區域就會特別發達，神經的連結也更為密集。但是，人的腦部如果受傷，就可能會失去一部分功能，例如視覺、說話或是運動的能力。

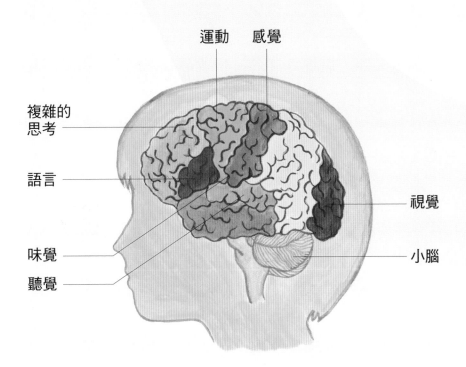

▲ 大腦各區的功能。

看顏色名稱 難說出正確顏色

　　為什麼做實驗時，看到顏色名稱，卻無法立即說出它在紙上的顏色呢？大腦中不同區域負責不同功能，然後協調完成共同的任務。我們對顏色產生視覺的區域在大腦後方，說話和語言理解的能力，則分別在左側和左後方。

　　當我們同時看到顏色和顏色名稱，例如「紅色」兩字以綠色寫成時，由於和過去大腦的學習經驗不同，大腦就會出現混淆。因為大腦同時接收紅色這兩個字的文字和顏色（綠色）訊息，根據舊有的神經迴路，眼睛看到文字，嘴巴會很快把它讀出來。所以，大腦指揮嘴巴讀出顏色名稱（紅色二字）是很容易的，但要看著紅色的字，嘴巴說出另外一種顏色（正確的綠色），就需要多花一點時間反應了。不過，只要多練習幾次，大腦建立新的神經迴路，反應就會變快了呵！

　　我們的大腦是非常聰明的學習機器，任何新的事物或技能，只要多練習，就會進步。所以至今科學家仍然很努力的在研究大腦，想知道大腦是如何運作的，以及人類的意識究竟是如何形成的。

多思考多學習　頭腦更聰明

　　一般人在嬰幼兒階段，都經歷了大量的外在刺激，才使大腦得以快速的成長發育，如果嬰幼兒長時間被隔離、缺乏外在的刺激，發育就會變得遲緩。所以，人的大腦是「不用就變鈍」，要多接受刺激，學習新的事物，多思考問題，就會越來越聰明！同樣的道理，爺爺奶奶雖然上了年紀，也要多用腦，經常和外界接觸互動，大腦的功能才不會退化。

　　大腦除了需要常接受刺激、動動腦，還要注意保養。例如大腦裡的上百億個神經細胞，必須在氧氣和養分充足的條件下，才能工作表現良好。還有，晚上不熬夜，大腦才能獲得充分的休息；上學前要吃早餐；多吃蔬菜水果，少吃甜食。此外，多看書、多思考，少玩電動或滑手機，大腦就會越來越靈光！

相同水溫感覺為什麼不同

平時我們可以感覺到外在環境溫度的變化，或是物體的冷或熱，然而我們所感受到的溫度，真的是環境或物體的實際溫度嗎？今天我們來做一個實驗，體驗一下我們的感覺是不是那麼準確？

▌你需要準備

少量冰塊

三個大碗

熱水
（大約攝氏四十二度）

冷水

▌進行步驟

1 在三個大碗裡，分別裝入
不同水溫的水。請大人幫
忙，在左邊的碗放入約攝氏
四十二度的熱水（相當於你
洗熱水澡的水溫）；中間的
碗放入冷水；右邊的碗放入
加了冰塊的冷水。注意水的
高度要能覆蓋到你的手腕。

2 先將左手放進左邊
的碗裡，再將右手
放入右邊的碗裡，
雙手放在碗裡持續
大約三十秒。

3 然後將兩隻手同時放進中間
裝了冷水的碗裡，體會一下
兩隻手的感覺。

4 左手是不是覺得有點冷，右
手卻覺得有點熱？明明是同
一碗水，為什麼兩隻手的感
覺不一樣呢？

我們的皮膚裡有感覺感受器，當感受器接受到外界冷或熱的刺激後，會將冷或熱的訊息經由感覺神經傳到大腦，而產生感覺。不過，單靠皮膚的感覺很難判斷物體實際的溫度。這是因為皮膚感受器接受刺激持續一段時間後，感覺神經就會逐漸適應外界的溫度。之後外界環境改變時，感覺神經再傳遞不同的溫度訊息給大腦。

當你把左手放進熱水時，剛開始感覺很燙，逐漸的，左手會適應這樣的溫度；放在冰水中的右手也是一樣。但是當左手從熱水放進冷水時，感覺神經會發現溫度變冷了，於是向大腦發出溫度變冷的訊號。同樣的道理，右手本來漸漸適應了冰水的水溫，但是放進冷水後，便會向大腦發出水變熱了的訊號。於是，在同一碗水中，你兩隻手所感受到的溫度卻是不一樣的。

人是恆溫的動物

我們的身體透過皮膚能夠感受到外界溫度的變化，不像蜥蜴、蛇類等動物，會隨著環境的溫度而改變。這是因為人體內部有一個機制，能夠自動將我們的體溫維持在攝氏三十七度左右。無論是寒冷的冬天或是大熱天裡，我們的體溫不會有太大的變化。

💡 下視丘是體溫調節中心

　　大腦內部有一個稱為「下視丘」的區域，只有豆子般大小，會依據接收到的冷熱訊息，利用各種方式來調節我們的體溫。除此之外，下視丘還會提醒我們口渴了要喝水，或是肚子餓了，
該吃點東西。

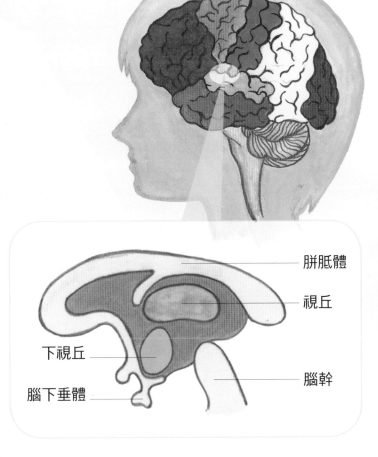

▲ 人體的體溫調節中心位於大腦的「 下視丘」。

💡 人體如何調節體溫

我們的身體有調節體溫的方式，例如天氣寒冷時，皮膚下的血管會收縮，可以減少熱量散失；天氣冷的時候，我們也會自動的多吃一點，增加能量；還有，天冷時肌肉會變得緊繃，甚至顫抖來增加體溫，所以有時候我們會冷得發抖！

天氣炎熱時，皮膚的血管會擴張，讓更多血液流到皮膚表層，可以促進體熱的散失；我們會流汗，也可以散失部分體熱；此外，我們的食欲會變差，不想活動，這些都是減少身體產熱的方式。

▲ 天冷時，身體會顫抖，增加體溫；天熱時，身體則流汗散熱。

測量一天體溫 印證生物時鐘

我們的體溫雖然是恆定的，但在一天之內還是有些微不同，可以做個簡單的實驗，印證一下。早晨醒來後，直到夜晚睡覺之前，每兩個小時記錄一下體溫，將會發現，一天當中，體溫的差異可達攝氏一度以上。為什麼會有這樣的變化呢？這正是人體內在生物時鐘變化的結果。

大腦內部有一個設計，有如精巧的時鐘，調控我們日常的生活作息，例如使身體每天的體溫和血壓有規律的變化。體溫高低，影響我們的精神與體力。每天早晨醒來，我們的體溫逐漸上升，因此，早上是一天當中精神最好的時候，可以專心的學習；過了中午，體溫些微下降，到了下午三四點，體溫又開始上升，逐漸恢復精神和體力。但是過了十點之後，體溫就會大幅下滑，這時候最需要的就是休息與睡眠了。

一天裡，我們體溫的最低點是在清晨四點左右，也通常是正在熟睡的時候。歷史上的戰爭也多次利用這個時機發動攻擊，通常會讓敵方措手不及，而一敗塗地呢！

5

運動與平衡

讓我們一起來猜拳，剪刀、石頭、布！這些簡單的動作是如何完成的呢？身體如何運動，又同時能保持平衡呢？你可知道，耳朵對於維持平衡有重大的貢獻嗎？

玩一玩
人體脊柱模型

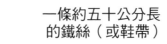

大人時常提醒小朋友姿勢要端正，不然脊椎骨會歪掉。事實上，人體的「脊柱」的確很重要。你知道脊椎骨是如何構成脊柱的嗎？不妨向媽媽借幾個縫衣服用的線軸，來做一個人體的脊柱模型吧！

你需要準備

一條約五十公分長
的鐵絲（或鞋帶）　　　　線軸五、六個

厚紙板一張　　　鉛筆　　　剪刀　　　膠帶

▌進行步驟

1 把線軸立在厚紙板上,用鉛筆描出線軸的圓形面,畫出五六個一樣大的圓形。

2 將厚紙板上的圓形一一剪下。

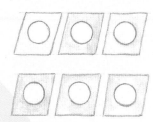

3 在圓形的中心點剪一個小洞,讓鐵絲(或鞋帶)能夠穿過。

4 把鐵絲(或鞋帶)穿過線軸,將鐵絲的另一端,牢牢的纏繞在線軸底部(或用膠帶將鞋帶固定在線軸底部)。

5 線軸上方再穿過一個剪下的圓形厚紙板。

6 依序穿進所有的線軸,中間穿插你剪下的圓形厚紙板。將鐵絲(或鞋帶)固定在最上層的線軸上。

7 現在你有一個類似人體脊柱的模型了。試著移動最上層的線軸,整條脊柱就會朝不同的方向彎曲。

8 請你的同伴彎腰,仔細看他的後背,你會看到一節一節的脊椎骨從頸部一直延伸到腰部以下,再拿出你所做的脊椎模型比較一下。

邊玩邊學

實驗中所用到的線軸代表
脊椎骨，許多脊椎骨構成一條
細長的脊柱。圓形厚紙板則是
「椎間盤」，它們是脊椎骨之
間類似緩衝地帶的軟組織，讓
脊椎可以往不同的方向彎曲，
也避免相互碰撞。貫穿線軸的
鐵絲代表脊髓，大腦透過神經
指揮身體，身體也將訊息藉由
神經傳遞給大腦。

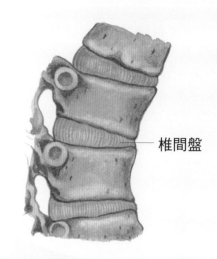

椎間盤

▲ 椎間盤可讓脊椎往
不同方向彎曲。

骨架讓我們站起來

猜猜看，我們全身一共有多少塊骨頭？答案是兩百零
六塊。這些骨頭構成骨架，如果沒有這些堅硬的骨架，我
們看起來就會軟綿綿的。骨架支撐我們的身體，並保護身
體內部柔軟的器官；骨架和肌肉合作，我們才能夠進行許
多複雜或簡單的動作。

人體的骨頭依據功能的不同，也有不同的形狀。最上
面的頭骨就像一頂安全帽，保護重要的大腦。

脊柱接在頭骨下方，是人體很重要的支撐。構成胸腔的肋骨，包裹住心臟和肺這兩大器官，再往下是有點像盆子形狀的骨盆，大腸、膀胱和生殖器官就在這裡面。

有別於其他用四隻腳爬行的脊椎動物，我們之所以能完全直立，是在於骨盆下方和雙腿的銜接方式。當我們站立時，不著地的雙手就可以空出來，做其他的事情。

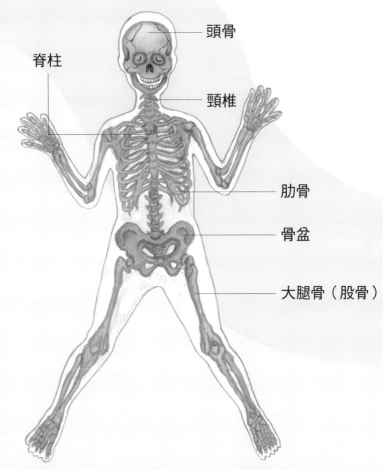

脊柱

頭骨

頸椎

肋骨

骨盆

大腿骨（股骨）

▲ 人體一共有兩百零六塊骨頭，手掌和腳掌的骨頭加起來超過一百個。

為了能夠靈敏的活動，人體超過一半的骨頭分布在雙手和雙腳，光是一隻手掌，就有二十七根小骨頭，一隻腳掌也有二十六根骨頭呢！而全身最長的骨頭就是我們的大腿骨。

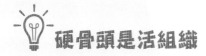

硬骨頭是活組織

骨頭雖然硬，卻是活組織。小朋友會不斷的長高，就是因為骨頭一直在長大、變長，到了十六歲至二十歲時會停止長高，但骨頭還是持續的新陳代謝。如果受傷而骨折，醫生會幫我們固定受傷的部位，使斷裂的骨頭不移位，等新的骨頭長出來時，能和斷裂的骨頭接好，還是可以維持正常的功能。

骨頭表面有許多細小的洞，是血管和神經的通道。由於細胞和組織的新陳代謝，我們全身的骨頭每十年就會煥然一新呢！

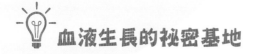

血液生長的祕密基地

骨頭除了支撐身體和保護內臟，還有一項祕密任務，就是負責製造血液中的紅血球、白血球和血小板。骨頭內部的骨髓每天都會製造出兩千億個紅血球，所以，骨頭是不是責任重大呢？

鍛鍊骨骼勤運動 身體柔軟好身手

　　彎下腰，你的手摸得到地板嗎？骨頭和骨頭銜接的地方叫做關節，每個關節都由韌帶包裹住，將骨頭牢牢的固定在一起。每個人天生的身體柔軟度不同，柔軟度好的人，韌帶的延展性比較大。透過持續的訓練和運動，我們的身體可以變得更柔軟，也能擁有更靈活的身手呵！

　　對小朋友來說，跳繩可以讓骨頭更加的緊密扎實。此外，不要背太重的書包，多晒太陽，多吃富含鈣質的食物，可以幫助骨頭長得更好呵！

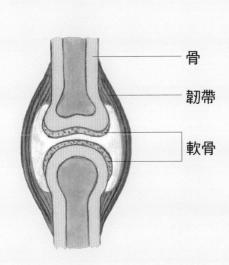

骨
韌帶
軟骨

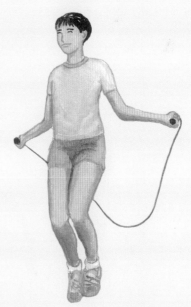

動一動 能屈能伸的肌肉

上體育課的時候，我們可以隨意的扭動身體、賽跑、玩球等，做各式各樣的運動。但你知道我們的身體是如何運動的嗎？現在就讓我們動手做一個手臂的模型吧！

▌你需要準備

橡皮筋兩條　　　剪刀　　　厚紙板
　　　　　　　　　　　　　（或是紙箱）

▌進行步驟

1 將厚紙板（或紙箱上）畫出可彎曲的手臂形狀，長約三十公分，上臂和前臂畫出褶線。

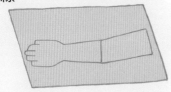

2 再將畫好的手臂剪下。

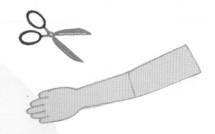

3 把橡皮筋剪開，長度約十五公分。

4 在上臂和前臂的地方，用剪刀挖出四個小洞，上下距離約十到十二公分。

5 拿起一條橡皮筋，穿過上下兩個洞，在背面打結。再拿另外一條橡皮筋從背後穿出來，在前面打結。

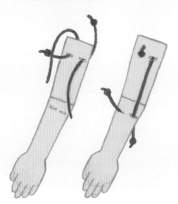

6 假設橡皮筋是我們手臂上的肌肉，將紙板上臂固定住，拉動橡皮筋，前臂是不是會跟著彎曲？再拉動後面的橡皮筋，前臂又會再度伸直，我們的手臂就是這樣運動的呵！

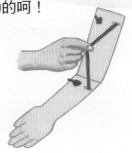

　　我們的身體靠骨架來支撐，但是活動就需要靠肌肉幫忙了。人體全身上下的肌肉，總共占了體重的百分之四十，藉由肌肉，我們才能行動自如，許多細膩的動作，像拿筆寫字、跑步、打球等，也是身體各種肌肉協調工作的結果呵！

肌肉收縮或伸展　牽動骨頭產生動作

　　肌肉靠著兩端的肌腱附著在骨頭上，當肌肉收縮或伸展時，就會牽動骨頭，使我們能夠活動，就像你所做的手臂模型。

通常肌肉是一組一組運動的，例如，當手臂彎曲時，手臂內側的二頭肌會收縮而變得較短，並牽動前臂的骨頭，後方的三頭肌則伸展放鬆。手臂伸直時，輪到後方的三頭肌收縮，前方的二頭肌就放鬆了，這就是手臂運動的原理。

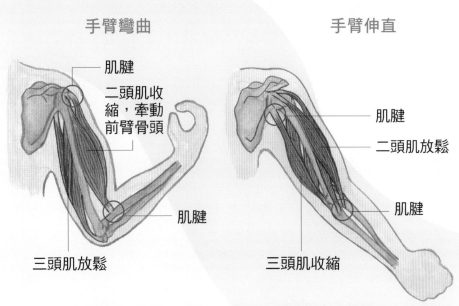

手臂彎曲　　　　　　　　　　手臂伸直

肌腱

二頭肌收縮，牽動前臂骨頭

肌腱

三頭肌放鬆

肌腱

二頭肌放鬆

肌腱

三頭肌收縮

▲ 肌肉靠肌腱和骨頭相連，肌肉收縮或伸展時，會牽動骨頭，帶動關節活動，產生動作。

💡 各式各樣肌肉　幫助人體巧妙運作

　　肌肉家族有各式各樣的成員，除了四肢的肌肉，臉上則有超過四十條的肌肉，末端連接在皮膚上，藉由肌肉的活動，使我們的臉部能產生各種表情。

身體內部的器官，例如腸、胃，也是由肌肉所組成的呵！我們吃下的食物，經由食道肌肉的收縮送到胃內，在胃部消化之後運送到小腸，然後再由腸道肌肉的蠕動被分解，最後成為身體所需要的養分。

心臟也是肌肉組成的器官，心臟肌肉的收縮和放鬆形成心跳。心臟每分每秒都在規律的搏動，一刻也不休息。不管是比肌肉的力量還是耐力，心肌都是首屈一指的！

運動後　為什麼肌肉痠痛？

我們運動時，肌肉也很賣力的工作，如果運動過於激烈，肌肉得不到足夠的氧氣供應，細胞代謝廢物像是乳酸，無法立即清除，就會堆積在肌肉中，造成痠痛感，通常運動完很快就可以恢復正常了。

如果運動後一到三天才感到痠痛，通常是因為劇烈運動過程中，造成肌肉細小纖維的撕裂或附近組織的損傷。但身體可以自動修復，肌肉也會變得更強壯，下次進行相同的運動時，就比較不會痠痛了。

運動可以鍛鍊肌肉，但是為了避免受傷，每次運動前都應該充分的熱身；平時走路、站立或坐著時，也要維持正確的姿勢，而且不要背太重的書包，才能保護我們的肌肉和骨架呵！

運動讓你更聰明

　　國外的研究發現，每天早上先上一節體育課，一段時間下來，小朋友的專注力會明顯提升、情緒更穩定、學習動機大幅提高，整體學業成績進步許多。附帶的好處是，小胖子們也都變瘦了。

　　過去人們以為，運動時只有肌肉在工作，現在科學家從大腦的研究中發現，運動時，我們的大腦也很忙碌，忙著收集外界的資訊，還要加強神經細胞之間的連結。所以鍛練身體的同時，也在鍛鍊我們的大腦，這就是為什麼運動讓你更聰明。

　　所以，不管再忙，每天都應該盡可能的活動筋骨，運動的種類要能增進心肺功能、肌肉力量、肌耐力，還有柔軟度，例如游泳、爬山、仰臥起坐和伸展操，才能常保健康與活力，即使年紀增長，看起來還是既年輕又動作敏捷呵！

身體轉圈後為什麼會頭暈

動動手 玩一玩

　　耳朵除了幫助我們聽到聲音，還有一個很重要的功能，就是維持身體的平衡！來玩兩個小實驗，了解耳朵是如何幫助身體達到平衡的。

 你需要準備

一些小亮片　　透明塑膠瓶　　一張能夠旋轉
　　　　　　　　　　　　　　　　　的椅子

 參與人數

兩人（以上）

▌進行步驟

實驗一

1 將小亮片（或黑胡椒顆粒）丟進透明的塑膠瓶內，然後在瓶內裝入大約六至八分滿的自來水。

2 將瓶口封好，讓瓶子立在桌上。用手旋轉瓶子的上蓋，朝同一個方向持續旋轉瓶身，再突然停下來。仔細觀察瓶子內的小亮片（或黑胡椒顆粒）是立刻靜止不動？還是繼續旋轉一陣子才停下來？

實驗二

1 找一個可以讓椅子安全旋轉的空間，坐穩在椅子上，雙腳離開地面。

2 請同伴幫忙旋轉椅子，轉到第十圈時突然停止，並且將椅子固定住。

3 當旋轉的椅子突然停下來時，請你安靜的感受一下，是否會感到頭暈？四周的景物是否還跟著一起旋轉？

◎ 請注意：實驗進行時小心，人和椅子不要碰撞到其他東西，避免受傷。椅子轉圈時，如果覺得噁心或想吐，立即停下來休息。

　　我們坐在椅子上轉圈圈，突然停下來的時候會覺得頭暈，雖然身體已經停下來了，但是四周的景物似乎仍在旋轉。就像轉動的塑膠瓶，突然停下來時，亮片依然跟著瓶子內的水旋轉不已，需要一段時間才會恢復正常。

耳朵內的平衡結構

　　我們的耳朵內部有「半規管」和「前庭」的構造，負責感覺頭部位置的改變，幫助身體調整姿勢。

　　半規管有三個彎曲而互相垂直的結構，恰巧代表我們生活的三度空間。半規管和前庭內部充滿了淋巴液和毛細胞，當頭部進行上、下、左、右、前、後的移動，甚至旋轉時，毛細胞的纖毛就會跟著偏斜，將訊息傳遞到大腦。大腦同時也透過眼睛掌握外界的訊息，讓身體可以適當的協調並做出平衡反應。

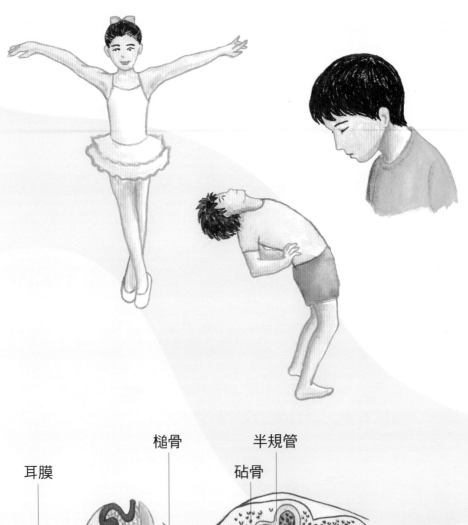

耳膜	槌骨 半規管
	砧骨
	聽覺神經
	前庭
	耳蝸
耳殼	鐙骨
	耳咽管

▲ 半規管和前庭負責感覺頭部位置的改變。

身體停下來了　感覺卻停不下來

如果身體旋轉，持續好一陣子，然後突然停下來，前庭和半規管內的淋巴液不會馬上停止流動（因為慣性原理而持續流動），需要經過一段時間後，才會停止流動；此時，毛細胞仍持續傳遞身體還在旋轉的訊息給大腦。等到流動的淋巴液完全靜止時，大腦才會接收到正確的訊號。

為什麼坐車會覺得頭暈

當我們搭乘交通工具時，耳朵內的平衡器（半規管和前庭）會感覺到速度和方向的變化，這些感覺會持續傳遞訊息給大腦。每個人對於這種刺激的強度和時間的耐受性不同，所以有些人就會感到頭暈和噁心了。

奇怪的是，會暈車的人如果自己開車就不會覺得頭暈了，為什麼呢？因為開車時需要集中注意力，大腦會專注在眼、耳等感官所收集的訊息，加上身體配合與協調，自然就忽略了暈車的感受，人體是不是很奧妙呢？

耳內壓力變大時　不妨喝點水

　　左右耳朵裡各有一條中空的細管，可以從中耳通到鼻腔後方的鼻咽，叫做「耳咽管」，大約兩到三公分。耳朵內部是一個密閉的空間，當外界的壓力改變時，可以透過耳咽管平衡耳朵內部的壓力。耳咽管平常是關閉的，只有在吃東西或打哈欠時才會打開。

　　當我們坐飛機下降時，大氣壓力突然增加，耳朵內的壓力也跟著變大，感覺耳朵好像悶悶的。這時可以喝點水，或是捏著鼻子，嘴巴緊閉，同時嘗試用鼻子用力呼氣，打開耳咽管的通道，讓耳朵內的壓力恢復正常。

　　感冒時，鼻腔或咽喉內的細菌有時候會經由耳咽管進入中耳，造成耳咽管或中耳發炎，耳朵會覺得疼痛；有時候會發燒，聽力也會受影響，必須儘快請醫生治療。

試試看
平衡感有多好

　　馬戲團的空中飛人熟練的在鋼索上表演踩單輪車，奧運體操選手在平衡木上空翻競技……這些高難度的表演，常令人替他們捏把冷汗，這些人是如何辦到的呢？今天就來試試自己的平衡感，不妨多找幾個人一起來玩。

▍你需要準備

找一面穩固的牆

▍參與人數

兩人（以上）

▌進行步驟

1 身體左側離牆面約三十公分
處站好，兩腳打開與肩膀同
寬。

2 將右腳抬高，離地二十公
分。身體是不是會往左側移
動，但是仍然能夠站好？

3 再將左肩靠著牆面站好，雙
腳打開，注意左肩和左腳要
貼緊牆面。

4 同樣將右腳抬高，這次你會
發現靠著牆竟然無法抬腳。

5 換隻腳再試一次。右側身體
在離牆面約三十公分處站
好，兩腳打開與肩膀同寬，
抬起左腳。

6 同樣的，將右肩和右腳靠著
牆面站好，試著抬起左腳，
仍然無法抬起，為什麼？

7 換個人再試試看。

當你的身體左側和牆面保持一段距離，抬起右腳時，身體會自然的做出平衡的動作，左肩會自動的向左移動，將重心放在左腳。

如果左肩和左腳緊貼著牆壁，再抬起右腳，此時，身體因為無法做出左肩向左移動的平衡動作，重心也就不能再放到左腳上，在這個狀態下，抬起右腳，身體就會失去平衡。

人體會依姿勢動作而改變重心位置，其實有賴小腦的功能呵！

協調動作　維持身體平衡

小腦位於大腦下方，專門負責身體的平衡和運動協調。當我們跳繩、爬樓梯，或是將球丟得老遠，是由大腦發布指令，讓身體做出這些動作，同時，小腦也接收到了訊號，然後整合視覺、觸覺、肌肉和神經反應等各種功能，協助身體做出協調一致的動作。

大腦負責學習 小腦開發自動化技能

　　小腦的功能還不僅止於此。當你學習一項新的技能時，先由大腦發揮學習功能，學會後就由小腦接手，使你得以輕鬆自在的操作。

　　舉例而言，你學騎自行車時，由大腦先負責思考學習，等到你掌握騎車的方法，小腦就負責協調肢體動作，控制姿勢平衡，經過練習之後，就能不假思索的騎自行車了。日後你只要一坐上自行車，不必特別調整姿勢，就能夠騎得很好了。

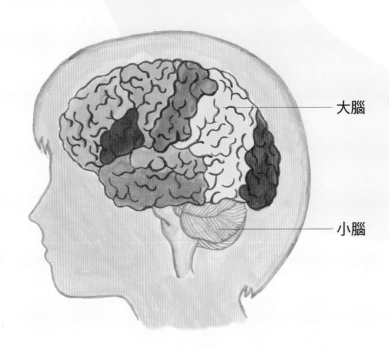

大腦

小腦

▲ 小腦位於大腦下方，負責身體平衡和運動協調。

瞬間反應　小腦修正動作

小腦的反應往往是不經大腦思考的。在你舉手投足時，小腦會自動調整身體的動作。

假設你下樓梯的時候，一不小心踩空了一階，你會立刻抓住欄杆或是身旁的人，手腳也會反射性的自動調整姿勢，避免跌倒。

這些動作都不需要透過大腦的思考，小腦就會自動協調我們的身體，做出最恰當的反應。

小腦大發現

小腦的體積在外觀上只有大腦的十分之一，但近期研究發現，將小腦的皺褶攤平計算之後，小腦的表面積，有將近大腦的百分之八十之多，這個結果讓科學家大感驚訝。

腦神經科學家也發現，小腦除了前述協助身體平衡的功能之外，在記憶、語言學習、注意力，甚至情緒各方面，也扮演了很重要的角色呢！

直線走 倒退走 訓練平衡力

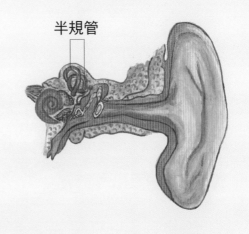

半規管

除了小腦，耳朵內部還有一個構造，稱為「半規管」，幫助我們的身體平衡。

年長者視力容易退化、肌肉力量不夠，神經反應也不像年輕時敏銳，一不小心，就容易跌倒。平衡力的訓練，有助於加強身體的協調感，以及即時的反應與應變力。

例如在地上畫一條直線，練習在一條直線上走路，或是倒退走，或是練習用單腳站立，都是訓練平衡力不錯的方法呵！

6

感官世界

我們透過各種感官來認識這
個世界，感官也豐富了我們
的生活。但是你知道，眼睛
有看不見的盲點嗎？食物在
嘴裡的味道，有80%是依賴
嗅覺細胞感受的！還有，手
臂和手指的感覺也大不相同
呵！

眼睛如何
看世界

動動手　玩一玩

　　有人說，眼睛是我們的「靈魂之窗」。透過眼睛，我們可以看到翩翩飛舞的蝴蝶、美麗的花朵，以及朋友歡樂的笑容。眼睛讓我們更了解這個世界。今天我們就用放大鏡來做一個小實驗，了解「眼睛」是如何看到物體的。

你需要準備

放大鏡

白色圖畫紙一張

參與人數

兩人（以上）

▎進行步驟

1 關掉室內的燈，打開窗戶，讓窗戶外的光線成為唯一的光源。

2 請你的同伴站在距離窗戶一點五公尺的地方，舉起一個放大鏡。

3 將白色圖畫紙放在距離放大鏡前方約十五公分處，使放大鏡位於圖畫紙和窗戶的中間。將圖畫紙慢慢靠近或遠離放大鏡，直到窗戶和窗戶外的景象上下顛倒的清楚倒映在圖畫紙上為止。

窗戶外的影像竟然清晰的倒映在紙上，是不是很神奇？這是因為光線透過放大鏡而折射，在紙上產生了清楚的倒影。你知道嗎，我們的眼睛也是這樣看到物體的。

眼睛看到物體的原理

我們眼睛的設計，是藉由進入眼睛的光線而「看到」物體。光線經由「瞳孔」進入眼睛，再經過「水晶體」（也就是實驗中的放大鏡），聚焦在「視網膜」上（實驗中的白紙），而產生清晰的倒影。

之後，視網膜上的視神經細胞會將影像轉變為神經訊號，傳到大腦，再經過大腦的解讀，並將上下顛倒的影像回復正常，於是我們就「看到」了物體。

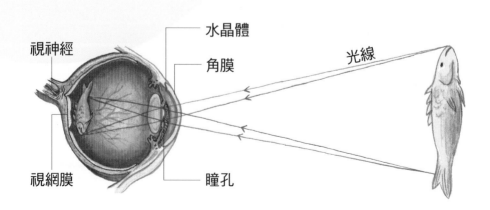

瞳孔可調節光線大小

進入眼睛的光線不能太多，也不能太少。瞳孔就像照相機的光圈，可以調節進入眼睛的光線。光線太強時，瞳孔會自動縮小；光線變弱時，瞳孔會自動放大，讓更多的光線進入眼睛。

你也可以觀察自己的瞳孔，白天時，拿著鏡子站在窗邊，仔細看眼球黑色部分的中心黑點（那就是我們的瞳孔）的大小；然後走進屋內，轉身背對著光源，再仔細觀察瞳孔大小，你會發現瞳孔變大了。

近視和老花眼

為了讓外界的景物能在眼球後方的視網膜上產生清晰的影像，光線經過瞳孔進入水晶體時，水晶體會自動調整厚度，讓影像在視網膜上聚焦，眼睛才能看到清楚的景物。

如果長期近距離看東西，會使眼睛的功能失常，眼睛看較遠的景物時，景物的影像就會呈現在視網膜的前方，而不在視網膜上。這時，需要戴上適當的凹透鏡（近視眼鏡）矯正，讓清晰的影像呈現在視網膜上，才能看得清楚。

相反的，當我們年紀漸長，睫狀肌的調節功能變差，水晶體彈性也變差，看近距離的物體時，物體的影像無法投影在視網膜上，近距離的物體看起來會變得模糊，這時，就需要戴上凸透鏡（也就是老花眼鏡）才會看得清楚。

【近視】矯正前

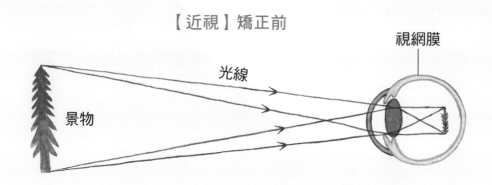

▲ 眼睛看較遠的景物時，景物的影像呈現在視網膜前方。

【近視】矯正後

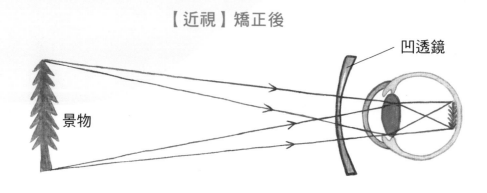

▲ 戴上適當的凹透鏡（近視眼鏡）後，景物的影像就會投影在視網膜上。

適度用眼　保護眼睛

　　眼睛對我們非常重要，也是相當脆弱的器官，因此，平時必須小心保護眼睛。

　　首先，用眼時間不宜太長，以免眼睛過度疲勞。

　　無論閱讀、看電視或電腦，近距離看事物時，每三十分鐘到五十分鐘，就要閉眼休息五到十分鐘，或是離開觀看的事物，到戶外眺望遠處或觀看綠色的植物，讓眼睛放鬆。

　　在光線太過強烈或不足的環境下用眼，對眼睛也會造成傷害。因此，小朋友平時看書或寫功課，照明要適當，眼睛也要和觀看物體保持約三十公分的距離。

　　如果有異物進入眼睛時，不要用手搓揉眼睛，只要閉上眼，異物就會隨著眼淚流出來。保持眼睛的乾淨、清爽，才能避免病菌感染。

找找看
視覺盲點在哪裡

動動手 玩一玩

　　轉動一下我們的眼睛，上、下、左、右每一個角落似乎都看得清清楚楚的。但是你知道嗎？我們的左右兩眼在視覺上各有一個看不到的小區域，也就是「視覺盲點」。如果物體落在視覺盲點，眼睛是看不見的。今天，我們就來把視覺盲點找出來吧！

▌你需要準備

▌參與人數

筆　　　　　一張圖畫紙

兩人（以上）

進行步驟

1 在圖畫紙的左右兩邊各畫一隻蝴蝶和小鳥（蝴蝶和小鳥的大小約一到兩公分見方），蝴蝶和小鳥相距約十五公分（右圖）。

2 請家人和同學將圖畫紙拿起來，讓圖畫紙中的蝴蝶在你右眼的正前方（下圖），與右眼相距大約三十公分。然後遮住左眼，右眼盯著蝴蝶看。這時，右眼的餘光還可以看見圖畫紙右邊的小鳥。

3 繼續遮住左眼，右眼持續盯著蝴蝶看，身體則非常緩慢的往後移動。你會發現在眼睛和圖畫紙相距約五十公分處，視野餘光裡的小鳥突然不見了，這個位置就是右眼的視覺盲點。當距離或視線稍微改變，小鳥又出現了。

4 遮住右眼，用左眼再做一次。這次調整位置，讓小鳥在左眼的正前方，眼睛的餘光可以看到蝴蝶。然後左眼持續看著小鳥，並慢慢將身體往後移動，在相同的距離時，蝴蝶又不見了，蝴蝶的位置就是左眼的視覺盲點。

視覺盲點的視野範圍並不大，如果距離或視線改變，盲點也會跟著改變。如果實驗沒有成功，請耐心的反覆操作。

　　進入眼睛的光線能使物體顛倒的影像呈現在視網膜上，而視網膜上布滿了視神經細胞，會將影像傳送到大腦；經過大腦的解讀，我們就「看到」了物體。

　　但我們的視覺上有一個死角，也就是實驗中蝴蝶或小鳥消失的地方，那是所謂的「盲點」。盲點是視網膜上神經細胞匯集的地方，由此形成神經束，延伸到大腦。這一小塊地方沒有感光細胞，有點像是視網膜的一個小缺口，因此無法形成影像。

　　為什麼平時我們不會特別感受到視覺上的盲點呢？因為如果我們只用一隻眼睛看，大腦在進行影像處理時，

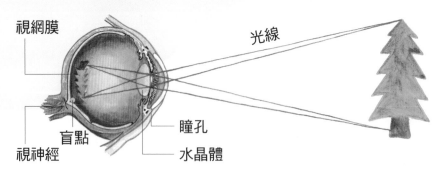

▲ 盲點像是視網膜的一個小缺口，神經細胞由此離開，延伸至大腦。這裡缺乏感光細胞，所以無法形成影像。

會自動補齊這些盲點，我們就不容易查覺有看不到的小區域；當我們用兩眼看時，因為兩眼視野重疊，左右兩眼的盲點並不在同一個地方，我們就不會漏看任何東西。

 兩種視覺細胞　感光和辨識色彩

我們的眼睛是藉由進入眼睛的光線而「看到」物體。而眼睛能夠感光和分辨色彩，主要是靠視網膜上的兩種細胞 ——「錐狀細胞」和「桿狀細胞」。光線明亮時，椎狀細胞能幫助眼睛形成清楚的視覺以及辨識色彩；光線微弱時，就要靠「桿狀細胞」來辨識物體了。二者合作，我們才有完整的視力。

猜猜看，在我們的身體裡，哪個器官具備最多的感受器呢？答案是眼睛。我們的視網膜裡約有一億兩千五百萬個桿狀細胞，六百萬個錐狀細胞，二者相加，占了全身百分之七十的感受器。由此證明，視覺在人類演化上的特殊性和重要性。

實驗一下，拿幾枝蠟筆，走到黑暗的房間，在微弱的光線下，你可以清楚的分辨手上蠟筆的顏色嗎？不大容易，對嗎？因為在微弱光線的環境中，靠桿狀細胞感光，但是桿狀細胞缺乏對於色彩的辨識力。

兩隻眼睛形成立體視覺

　　雖然兩隻眼睛都能個別看到影像，但是，左右兩眼同時觀看，才能看出物體的立體感。

　　同樣一件物體，兩眼實際上是從不同的角度在看，再將訊息傳遞到大腦，大腦將兩眼的影像融合重疊，產生我們最後看到的立體影像。左右眼合作能夠幫助我們更精準的判斷物體的遠近，視野也變得更為寬廣。

　　單獨用左右眼看同一個物體，看到的物體影像真的不同嗎？不妨試著拿起一枝筆放在眼前約二十五公分處，然後凝視筆後方較遠的一個物體，輪流閉上左、右眼，你會發現筆從後方物體的一側跳到另外一側。

　　▲ 同一個物體，只用左眼看到的影像（左）和
　　只用右眼看到的影像（右）不同

按摩和熱敷 舒緩眼睛疲勞

　　經常按摩眼睛四周，可以放鬆眼部的肌肉，促進血液循環。另外，做功課感到眼睛疲勞時，不妨閉上眼睛，用溫熱的毛巾敷在眼睛上一段時間；或者坐在桌前，手肘靠在桌上，將雙手手掌輕輕包覆兩眼，閉目休息十分鐘，也可以達到相同的效果。

　　做完眼睛四周的按摩和熱敷之後，你會發覺眼部的疲勞舒緩許多，眼睛也看得更清楚了。

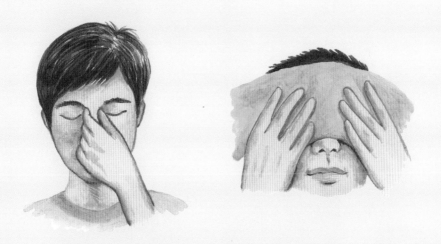

▲ 當眼睛感到疲累時，按壓眼睛四周或熱敷，可以消除眼睛的疲勞呵！

聞聞看
味道有什麼不同

動動手 玩一玩

　　嗅覺是很重要的感官功能，許多動物都依賴嗅覺來尋找食物或躲避危險。人的嗅覺雖然不及動物靈敏，卻也在我們的生活中扮演了不可或缺的角色，現在就來做個小小的實驗，一起來認識嗅覺吧！

▌你需要準備

香精蠟燭

湯匙

小型夾鏈袋

▍進行步驟

1 用湯匙在蠟燭的邊緣上刮下一些薄片，放進夾鏈袋裡，再將袋口封好。

2 將袋內的蠟燭薄片分散開來，把袋子平放在冰箱的冷凍庫內。

3 三十分鐘後，拿出袋子，取出少量薄片放在掌心中，聞一聞香味有多濃？

4 將雙手合掌，來回搓揉手中的蠟燭薄片約十秒鐘。

5 這時手中的蠟燭薄片溫度變高了，聞聞看，味道如何？

6 再聞一聞塑膠袋內冷凍過的蠟燭，和經過雙手搓揉過的蠟燭薄片比較看看，味道有什麼差異？

7 從冷凍庫拿出來的蠟燭薄片，香氣比較弱，或者根本沒什麼味道。但是，經過雙手搓熱後的蠟燭薄片，香氣較濃，對嗎？

　　鼻腔上方的黏膜裡有一塊大約一到兩平方公分的區域，布滿了可以接受不同氣味的嗅覺細胞。當物質散發的氣味分子被鼻子吸入後，會溶解在黏膜的表層黏液中，然後刺激嗅覺神經將嗅覺訊號往上傳遞到大腦。

　　嗅覺細胞可以偵測、辨認成千上萬種不同的氣味分子。當蠟燭薄片溫度高的時候，會有較多的氣味分子飄散到空氣中，我們就更容易聞出味道了。

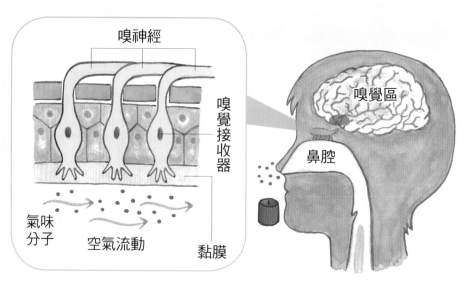

▲ 鼻腔上方的嗅覺接受器捕捉到空氣中的氣味分子，再將感受經由嗅神經傳遞到大腦的嗅覺區，判斷是什麼氣味。

嗅覺會觸發情感和回憶

　　對小嬰兒而言，嗅覺很重要，不但可以幫助他們找到食物，也可以找到媽媽，而媽媽的味道可以讓小嬰兒放心。長大以後，視覺逐漸發展成熟，多數時間我們就透過眼睛來認識這個世界。

　　嗅覺除了幫助我們品嘗食物，感受不同的氣味之外，科學家相信，嗅覺對我們有很深刻的潛在影響，只是我們平常沒有意識到而已。因為嗅覺會觸發我們的情感與回憶，例如：當我們聞到蛋糕的香味時，會感受到一股幸福與歡樂的氣氛；還有的人聞到咖啡的香氣，會有平靜與優閒的感受呵！

▲ 有些人聞到蛋糕的香味時，會感受到一股幸福與歡樂的氣氛。

味道聞久 嗅覺會麻痺

感官系統有一個特色，對於最初的刺激會產生敏感的反應，如果持續接受相同的刺激，逐漸的就不會再有相同的反應了，嗅覺也是如此。

所以，放學剛踏進家門時，媽媽煮飯的香氣撲鼻而來，過一會兒，感受就不那麼強烈了。除非香氣的刺激強度更高，我們才會有相同的感覺。香味聞久會麻痺，反之，臭味聞久了也會麻痺。

「入芝蘭之室，久而不聞其香；入鮑魚之肆，久而不聞其臭。」這句話本來是用來闡述「近朱者赤，近墨者黑」的道理，卻也是嗅覺麻痺最好的比喻。

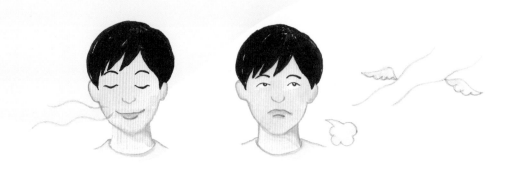

▲ 本來室內的味道很芬芳，待久之後對味道就沒感覺了，這並不是香味飄走，而是嗅覺疲乏呵！

感冒多休息 身體才能發揮戰力

我們的鼻子能除了感受氣味，還有一項重要的功能，就是過濾進入肺部的空氣。

仔細觀察鼻子內部，有鼻毛和黏液。細長的鼻毛會過濾空氣裡的灰塵；鼻腔內的黏液則可吸附空氣中細小的顆粒。進入身體的空氣還需要經過加溫與溼潤的作用，才能夠在肺部順利的進行氣體交換，所以鼻腔內密布許多微血管與潮溼的黏膜。

不過，感冒病毒（少數是細菌）也會藉由鼻子或喉嚨入侵身體。身體則會啟動防禦系統，出動許多白血球和抗體，與病毒大戰，在鼻腔和喉嚨引起發炎反應，使原本就布滿微血管的鼻腔腫脹，造成鼻塞。鼻涕和痰液，就是身體和病毒大戰後犧牲的白血球、黏液及大量死亡的病毒。

感冒時需要多休息，防禦系統才能充分發揮戰力；此外，多喝水，也能幫助身體代謝廢物。藥物只是幫助身體降低發炎反應的副作用，減輕鼻塞、流鼻水和咳嗽等症狀。真正擊敗病毒的，還是要靠我們自己的免疫系統呵！

不靠鼻子
能夠分辨食物味道嗎

動動手 玩一玩

　　桌上傳來陣陣的飯菜香、令人垂涎三尺的炸雞，還有香濃可口的冰淇淋……，我們每天都在品嘗食物的美味，如果你認為我們是透過味覺來感受食物的味道，那麼你只對了一半。想知道我們是如何感受食物的嗎？一起來做個有趣的實驗吧！

▍你需要準備

三根湯匙

三種不同口味的優格

眼罩（或一塊布）

▍參與人數

兩人（以上）

▎進行步驟

1 請你的同伴坐在桌前，戴上眼罩（或用布遮住眼睛，在腦後方打結）。桌上準備好三種不同的優格和小湯匙。

2 請同伴捏住鼻子。你可以隨機選取不同口味的優格，再用小湯匙舀少許優格，放進他的嘴裡，請他說出他嘗到的優格是哪一種口味。注意，要請他持續捏住鼻子呢！

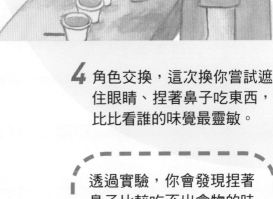

3 多嘗試幾次，看看同伴回答的正確率有多高。

4 角色交換，這次換你嘗試遮住眼睛、捏著鼻子吃東西，比比看誰的味覺最靈敏。

透過實驗，你會發現捏著鼻子比較吃不出食物的味道，對嗎？原來我們分辨食物的味道不是只靠味覺，嗅覺也扮演很重要的角色呢！

實驗發現，捏著鼻子幾乎無法分辨不同食物的味道。所以，感冒時鼻塞，嗅覺變得較不靈敏，吃東西會覺得沒有味道，胃口也變差了。研究發現，當我們品嚐食物時，百分之八十的味道是由嗅覺感受到的，味覺只占了百分之二十呢！

基本上，我們的味覺能夠感受到的味道並不多，主要是酸、甜、苦、鹹。舌頭是身體負責與食物接觸的重要構造。科學家認為，舌頭能辨認出的味道對人體有特殊的意義呵！

我們的身體需要糖分和鹽分，所以特別喜愛甜味和鹹味。此外，為了健康，人體必須避免腐敗和有毒的食物進入體內，而這兩種食物具有酸味和苦味，所以，舌頭對這兩種味道會特別的敏感。

除了酸、甜、苦、鹹等味道，科學家還發現，味蕾能夠辨識一種鮮味，像海帶、香菇等熬成湯的甘甜味道。

味蕾感覺各種味道

舌頭為什麼能辨認食物的味道呢？仔細觀察我們的舌頭，表面有許多突起，還有許多小紅點，感受食物味道的

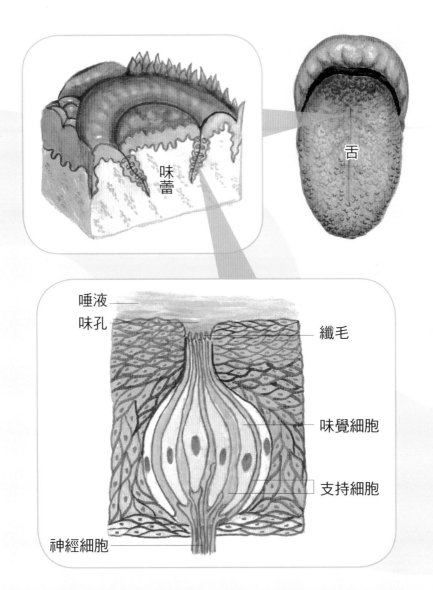

味蕾

舌

唾液
味孔
纖毛
味覺細胞
支持細胞
神經細胞

▲ 舌頭表面有許多細小的突起物，味蕾就分布在這些突起的凹陷處。當食物被唾液溶解之後，進入味孔，接觸到味覺細胞上的纖毛，再將訊息傳遞到神經細胞，最後到達大腦。

「味蕾」就深藏在這些突起的下方。除了舌頭，口腔上方的軟顎和喉嚨也有少數味蕾分布。

味蕾的形狀像含苞待放的花，開口處有纖毛，主要由味覺細胞和支持細胞組成。食物進入嘴巴後，先溶解在唾液裡，再通過味孔，接觸到纖毛；而纖毛感受到食物分子的味道，會刺激味覺細胞，再藉由神經將味覺的訊息傳遞給大腦，於是我們就感受到食物的滋味了。

雖然我們的基本味覺只有酸、甜、苦、鹹，卻能夠感受到許多不同的味道，這是因為我們品嘗食物時，其實是混合了不同程度的基本味覺，還包括了食物的溫度、水溶性和軟硬度呵！

食物的水溶性越高時，味道感受會越快；剛上桌熱騰騰的飯菜、香濃的湯汁，令人食指大動。飯菜冷了之後，味覺的感受能力降低，就不覺得好吃了，而冰淇淋因為溫度太低，味覺不易感受，所以需要多加糖，才能感到美味呵！

睡覺常打呼　應請醫生檢查

你有沒有注意過家人在睡著後發出鼾聲？為什麼會出現鼾聲呢？

這是因為人平躺時，舌頭自然會向後壓迫；睡著以後，喉嚨附近的肌肉變得鬆弛；特別是肥胖的人，脂肪組織充塞在呼吸道，這些因素會使得咽喉部位的氣管變得窄小，空氣不容易通過，甚至關閉，就產生了鼾聲，俗稱打呼。鼾聲太大除了影響別人的睡眠，對自己本身也有潛在的不良影響。

當我們感冒的時候，鼻腔和氣管會充滿許多痰液，睡著後呼吸也會變得困難而打呼。下次家人感冒時，仔細觀察他們睡覺的樣子，看看是不是也會聽到鼾聲？

打呼會中斷我們的睡眠，醒來後還是覺得疲倦，長此以往，對身體會有不良的影響，如果睡著後經常出現嚴重的打呼，或是白天常打瞌睡，就要請醫生仔細檢查，儘早治療。

聲音聽起來為什麼不一樣

　　透過各種感官，我們得以認識外在的世界，「聽覺」讓我們享受大自然的蟲鳴鳥叫和悠揚的音樂；與人溝通並理解他人的想法，同時也是一種很重要的學習方式。你知道我們是如何聽到聲音的嗎？讓我們一起來認識「聽覺」吧！

▌你需要準備

一根金屬製湯匙

風箏線（或釣魚線）
約五十公分

一張桌子

1 將風箏線（或釣魚線）的中央纏繞幾圈在金屬湯匙的把手處，然後綁好。

2 左右手兩根食指分別纏繞著風箏線，再使湯匙自然垂在胸前。

3 左右食兩根指分別放進耳朵裡。

4 站立在桌子邊緣。

5 身體微微向前傾，讓湯匙搖晃，碰撞到桌子邊緣。

6 猜猜看，你會聽到什麼聲音？

邊玩邊學

　　金屬湯匙碰到桌子邊緣的聲音，聽起來是不是像鐘聲呢？為什麼？

　　在一般的情況下，金屬湯匙碰撞到桌子邊緣時，金屬湯匙會振動，再引起空氣的振動，造成聲波，而聲波能藉由空氣的傳播到達耳朵，於是我們就可以聽到金屬撞擊桌子的聲音了。

　　而實驗中湯匙振動發出的聲音是透過風箏線傳到耳朵，所以效果就不同了。因為傳播聲音的介質不再是空氣，所以湯匙被撞擊後所發出來的聲音，聽起來就像是鐘聲。

耳殼收集聲音

　　耳朵在頭部兩側，凸出來的部分，稱為外耳殼，它的形狀有助於收集來自四面八方的聲音，也能夠正確判斷聲音的方向和位置。

　　實驗一下：將雙手手掌微微彎曲，掌心朝前，放在耳朵後面，然後講話；以及掌心朝後，放在耳朵前面，然後講話。你會發現聽到的聲音不大一樣，掌心朝前放在耳朵後面，更能加強收集來自前方的聲音呵！

耳朵內別有洞天

當聲波進入耳朵之後，會經過一條細細長長的通道，最後到達耳膜。耳膜是半透明的一層薄膜，可以敏銳的接收到聲波所產生的振動。耳膜後連接著三塊小骨頭，科學家發揮想像力，將它們分別命名為鎚骨（形狀像鐵鎚）、砧骨（形狀像鐵砧）和鐙骨（形狀像馬鐙）。聲波隨著耳膜傳到這三塊聽小骨，最後到達形狀像蝸牛一樣的「耳蝸」。

聲波的振動經過這些傳送過程，會不斷的放大，然後由聽覺神經傳到大腦，於是，我們就聽到聲音了。

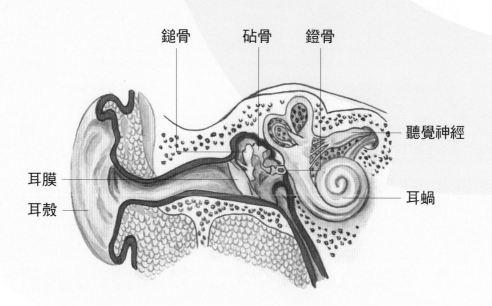

保護聽力 避免噪音傷害

海倫・凱勒曾經說過：「如果能選擇恢復視力或聽力，我願能聽見，因為看不見使我與事物隔絕，聽不見卻讓我與人們隔絕。」失去聽力會影響一個人的社交與溝通，讓人越來越封閉。所以，對於失聰者要有更多的體諒與關懷，而我們自己也要小心照顧聽力。

聽力的損傷甚至喪失，除了疾病，最主要是長期處在噪音的環境下所造成的。聲音的強度大小，可用「分貝」來表示。如果經常處在八十五分貝以上的噪音環境下，聽覺神經就會逐漸受損。

許多人習慣長期佩戴耳機大聲聽音樂，或是工作環境噪音太大而沒有採取保護措施，久而久之，聽力就受損了。聽力變差通常是漸進的，不容易察覺，但是聽力一旦受損，卻是永久性的，難以恢復。

聲音內容		分貝
	悄聲說話、安靜的圖書館	30
正常交談、縫紉機的聲音		60
	行駛中的卡車、割草機的聲音	90
汽車喇叭、演唱會的聲音		115

手臂和手指感覺一樣嗎

　　身體的感覺能夠讓我們了解外在環境的變化，像是天氣的冷熱、光線明暗或是鳥語花香等。你知道身體有哪些不同的感覺嗎？今天就來做個小實驗，一起來認識身體的觸覺吧！

▌你需要準備

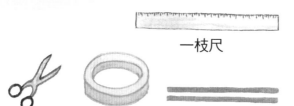

一枝尺

剪刀　　膠帶　　兩根粗細適中的吸管

▌參與人數

兩人（以上）

▌進行步驟

1 將兩根吸管的底部分別用剪刀斜剪成尖端。

2 然後用膠帶將吸管黏在一起。

3 兩根吸管的削尖處相距約一公分。

↔1公分

4 請你的同伴將袖子捲起來，將前臂放在桌上。要求你的同伴閉上眼睛。

5 將兩根吸管的削尖處輕輕碰觸同伴手臂的內側，請他誠實回答感覺皮膚被多少個尖點碰觸到。可多試幾次。

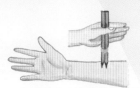

6 再將兩根吸管的削尖處輕觸對方手指的指腹處，請他誠實回答感覺有多少個按壓點碰觸到皮膚。

7 換人再做一次。

> 同時以兩根吸管削尖處輕觸手臂和手指時，是不是手臂上只有一個按壓點的感覺，手指卻有兩個按壓點的感覺？

進階實驗

1 拆掉吸管上的膠帶，同時將兩根吸管削尖處輕觸同伴的前臂。之後，調整兩根吸管之間的距離，再輕觸同伴前臂，慢慢增加距離，直到對方感覺到同時有兩個尖點，再量兩點之間的距離。

2 再以兩根削尖的吸管同時輕觸對方的手指，之後慢慢將輕觸點的距離縮小，直到對方感覺到只有一個尖點為止，再量一量兩點之間的距離是多少。

想想看，皮膚有多少感覺？輕觸的感覺、冷或熱的感覺、麻癢的感覺，以及痛的感覺等。

在皮膚底下，密密麻麻的分布許多不同種類的神經感受器，包括觸覺、冷、熱、壓力和痛覺等，接收到各式各樣的感覺之後，再透過一個又一個的神經細胞傳遞到脊髓和大腦。

所以，當我們撫摸貓咪的時候，可以感受到牠的毛髮很柔軟，以及它身體的溫度，此外，抱著貓的手還會感受到它身體的重量。

感受器分布不平均

觸覺、冷覺和熱覺的感受器比較靠近皮膚的表層，感受重量和壓力的感受器則隱藏在皮膚下層較深的地方。

感受器在皮膚下的分布並不平均，例如以兩根吸管的尖處同時輕觸皮膚時，手臂內側比較不敏感，而手指卻能

同時清楚感受到有兩個尖點的壓迫。這是因為觸覺感受器在手臂內側的分布比較分散，大約是二點多公分；在指尖的分布卻很密集，不到零點五公分。

　　我們身體某些部位的皮膚會特別敏感，如嘴唇、指尖、臉、雙手，特別是嘴唇和指尖。而在手腕有較多熱覺感受器，所以媽媽給小嬰兒泡好牛奶，常將牛奶滴在手腕上試溫度。

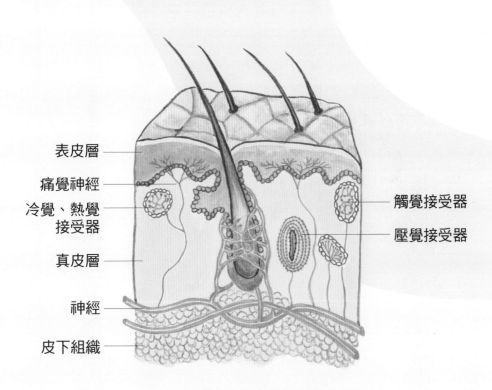

表皮層
痛覺神經
冷覺、熱覺
接受器
真皮層
神經
皮下組織

觸覺接受器
壓覺接受器

▲ 皮膚有各種感覺接受器。

觸覺疲勞

　　既然我們的觸覺這麼多樣化，為什麼平時感受不到呢？這是因為觸覺會逐漸適應外界環境的改變，而不會再出現特別的感覺。

　　例如當我們剛穿上一件衣服，身體可以感覺到被衣服包覆的感覺，一段時間後，這種感覺就消失了。泡熱水澡剛開始覺得很燙，過一會兒就不再覺得水溫很高，這並不是水冷得很快，而是我們的皮膚已經逐漸適應這樣的水溫了。

痛覺保護身體避開危險

在皮膚的所有感覺中，最不受歡迎的大概就是痛覺了。人體為什麼有痛覺呢？如果有一天痛覺消失了，是好還是不好呢？

我們對於「痛」有特別敏銳的感受，大多數的「痛」都是代表來自於環境的危險或是身體的傷害，敏銳的感覺可以幫助人體快速反應，離開危險的環境，或是迅速做出保護身體的決定。例如被針刺傷、跌倒了，身體受傷需要儘快處裡等。

身體內部也會感受到痛覺，像肚子痛、頭痛、眼睛痛等，也是器官或內臟發出警告、求救的訊號，提醒我們要小心照顧它們。所以，痛覺是很重要的，平時我們要留意身體發出的訊號，感到不舒服時，就要告訴爸爸媽媽，並儘快請醫生檢查呵！

手指上的紋路 個個不同

小朋友，有沒有觀察過你的指紋呢？指紋是我們皮膚的記號，今天我們也來學著當偵探，留下自己和朋友的指紋吧！

▌你需要準備

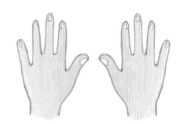

印泥　　　　　　白紙　　　　　十隻手指

1 像蓋圖章一樣，先將一隻手指的指腹按壓在印泥上，然後輕輕按在一張白紙上，不要太用力，儘可能完整的將指腹上的印泥印到白紙上。

2 陸續將其他手指的指腹也蘸滿印泥，再印到白紙上。

3 現在你有自己十根手指頭的指紋了，仔細觀察一下每根手指頭的指紋是不是都一樣？

4 找家人或其他朋友一起來試試看，仔細比較一下各人手指上的紋路，有人的指紋跟你一樣嗎？

邊玩邊學

　　每一個人都是獨特的個體，同樣的，每個指紋也都是獨一無二的，沒有任何一個人的指紋會和別人的指紋一模一樣。仔細觀察，同一個人即使左、右手的指紋，也有些微的差異呢！

　　科學家認為，指紋就像輪胎上的紋路一樣，可以增加摩擦力，同時也加強皮膚的觸覺和敏感度。指紋會保留在我們接觸過的東西上，犯罪學家很早就發現了這個事實：天底下沒有兩個人的指紋是完全相同的。所以在犯罪現場蒐集到的指紋，可以協助警方破案，找出真正的犯罪者。

　　其實不只是手指，身體其他部位的皮膚也有紋路。仔細觀察，自己腳底接觸地面的地方，以及手腕、關節、脖子、手掌、手背，甚至眼尾等，是不是也有一些特別的紋路？皮膚雖然是整體的，但在身體不同的部位，紋路又不一樣。觀察這些現象，是不是很有趣呢？

皮膚就像合身外套

　　身體各部位的紋路都是皮膚的一部分，皮膚也像一件合身的外套，將身體和外界環境隔絕開來，保護身體內部

組織，避免病菌和有害物質侵入。

　　皮膚也像衣服一樣，有內層和外層，皮膚的最外層是表皮層，內層是真皮層，布滿了末稍神經、各種感覺接受器、微血管和皮脂腺。微血管供應細胞養分並帶走細胞代謝的廢物；皮脂腺會分泌油脂，滋潤我們的皮膚。最內層則是皮下組織，包含神經、血管、脂肪。另外，皮膚有汗腺，可以幫助我們排汗與散熱呵！

抵擋紫外線傷害

皮膚裡還有一種黑色素，可以保護皮膚，避免受到陽光中紫外線的傷害而老化，或是出現疾病。在陽光強烈的地區，皮膚會製造比較多的黑色素，幫助皮膚對抗強烈的日晒。

如果我們經常曝晒在陽光下，黑色素會讓我們的膚色變得較深；相反的，避免日晒一段時間，皮膚就會變得比較白。世界上不同地區的居民，膚色的差異往往很大，也可能與日晒程度不同，長久演化下的結果有關。

仔細觀察自己身體各部位的皮膚，臉、手和腳的膚色是不是比手心、腳底心，以及常被衣服包裹住的部位膚色更深？這就是黑色素的作用。

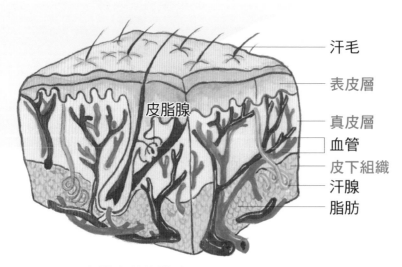

▲ 人體皮膚的構造。

皮膚需要曬太陽　製造重要營養素

　　我們的身體很神奇，透過晒太陽，皮膚會自行合成一種對身體很重要的營養素，叫做「維他命D」。由於維他命D和鈣質可以幫助我們的牙齒和骨骼發育，所以如果缺乏足夠的陽光照射，身體就無法合成維他命D，也會間接影響到鈣質的吸收，造成骨骼和牙齒發育不良。

　　日晒雖然可以讓我們的身體合成需要的維他命D，不過，陽光中強烈的紫外線卻會對皮膚造成傷害。一般來說，早上十點到下午兩點，紫外線最強烈，應該儘量避開這個時段到戶外活動，最好是在傍晚或清晨外出。

　　除了在溫和的陽光下活動，營養均衡、不挑食，也能讓我們身體更健康，心情更愉快。

喉嚨 如何發出聲音

動動手 玩一玩

　　我們能夠唱歌或說話,是因為喉嚨會發出各種不同的聲音。你知道人體如何製造聲音的嗎?透過簡單的小實驗,一起來了解吧!

▌你需要準備

數條橡皮筋

▌參與人數

兩人(以上)

進行步驟

1 請同伴幫忙，用兩根手指勾住橡皮筋，並將橡皮筋拉開至十五公分長左右。注意將橡皮筋固定好，不要彈起來，以免受傷。

2 將你的耳朵靠近拉長的橡皮筋，請另一個同伴用手指輕輕撥弄它，留意你所聽到的聲音。

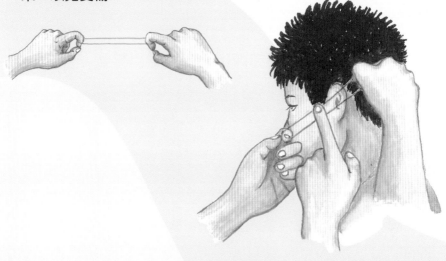

3 將同一條橡皮筋捲成兩圈，再請你的同伴將橡皮筋拉開至十公分長左右。

4 再次將耳朵靠近橡皮筋，用手指輕輕撥弄，比較一下，剛才和這次所聽到的聲音，有什麼不同？

第一次聽到的聲音比較低沉，當橡皮筋捲成兩圈再拉開時，聲音就變得比較高了，對嗎？你不妨試試，當橡皮筋拉開成不同的寬度時，聲音是不是也會跟著改變？

橡皮筋能發出不同的聲音，類似我們喉嚨發聲的原理。喉嚨是由軟骨、肌肉和聲帶組成的精密結構。當我們吸入空氣時，聲帶和附近的肌肉群打開，形成一個通道，讓空氣進入；呼出空氣時，通道變窄，只容許少量的空氣通過，空氣在經過時產生的振動，就發出聲音了。

實驗中，我們將橡皮筋拉得越緊，撥動的聲音就越高。同理，當聲帶放鬆時，發出的聲音比較低沉；聲帶收縮，發出的聲音比較高；如果我們讓空氣快速通過喉嚨，發出的聲音比較大；空氣緩慢通過時，聲音就細微多了。

除此之外，嘴巴和舌頭的配合，也讓我們發出各種不同的聲音。你可以試試在鏡子前，發出「ㄚ、ㄝ、ㄨ、ㄉ、ㄋ」等聲音，仔細觀察嘴形和舌頭的變化。

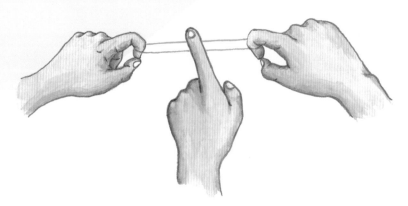

▲ 將橡皮筋拉得越緊時，撥動的聲音就越高。

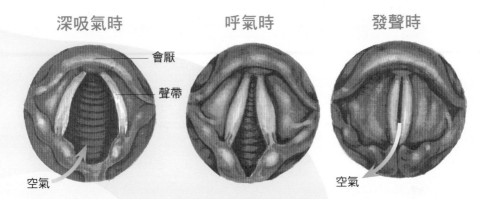

深吸氣時　　　　　呼氣時　　　　　發聲時

會厭

聲帶

空氣　　　　　　　　　　　　　　　　　空氣

▲ 當我們吸氣時，聲帶打開，形成通道，讓空氣進入（左）；呼氣時，通道變窄（中）；發聲時，通道更窄，僅容許極少量空氣通過（右）。

亞當的蘋果 —— 喉結

用手輕輕觸摸，喉嚨是位在脖子前方的小突起，吞嚥口水時，喉嚨會先上提，然後下降。

男生到了青春期，因為荷爾蒙的作用，喉嚨處的甲狀軟骨會特別隆起，從外觀上看，形成一個明顯的突起，就是喉結，又稱為亞當的蘋果（Adam's apple）。

喉結的出現，使得喉嚨內部的空間跟著變大，所以男性的聲音就變得比較低沉。就像樂器，管徑大的樂器發出的聲音渾厚；管徑小的樂器發出的聲音高亢，人體發聲的結構是不是很有趣呢？

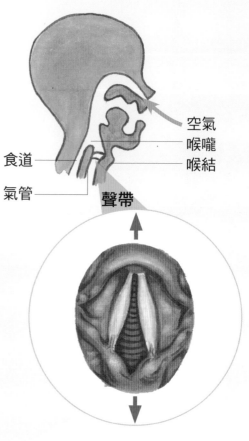

空氣
喉嚨
喉結

食道

氣管

聲帶

▲男生進入青春期以後，聲帶會變長，喉嚨內部的空間變大，所以聲音會變得較低沉。喉嚨的外部有明顯的突起，就是喉結。

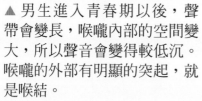

獨一無二的聲紋

　　喉嚨發出聲音之後，還需要口腔和鼻腔的共鳴，我們才能聽到完整的聲音，共鳴的作用就像吉他和小提琴圓弧造型的琴身。因為這些不同的條件（聲帶、口腔和鼻腔結構等），使得每個人都有自己獨特的聲音，就像指紋一樣，人人不同呀！

咳嗽 保護呼吸道

　　維持呼吸道的通暢是人體最重要的工作之一。「咳嗽」就是為了排除進入呼吸道的異物，也是一種身體自發性的反射動作。

　　當我們吃東西或喝水時，如果有一點點的水或食物不小心進入呼吸道，就會引起劇烈的咳嗽。這是因為呼吸道內的神經感受器接受到刺激，傳遞訊息給大腦，引發咳嗽。感冒也會引起咳嗽，因為呼吸道的黏膜受到病菌感染，引起發炎反應，咳嗽則可以幫忙排除過多的分泌物，維持呼吸道的暢通。除了感冒，還有一些物理或化學性的刺激（例如：冷風、空氣汙染等）也都會引發咳嗽。

　　既然咳嗽是為了排除呼吸道的異物，正確的咳嗽就很重要了。想咳嗽時，先大口吸氣，屏住呼吸，然後縮小腹，利用腹壓和胸部快速的收縮，用力的咳，才能夠將呼吸道的異物排出來。如果咳嗽超過三個星期，就需要到醫院，請醫生澈底檢查，找到引發咳嗽的真正原因，對症下藥，才不會一直被咳嗽困惱。

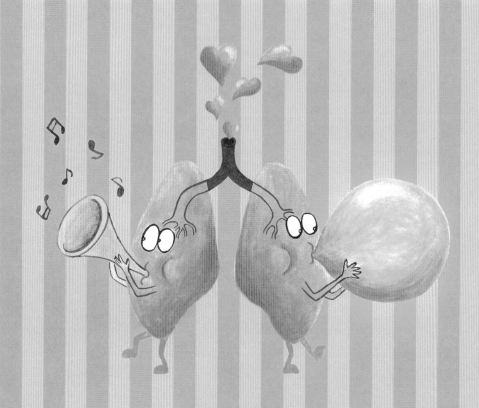

7

呼吸與排泄

呼吸大概是我們最不可或缺的功能了，沒有了呼吸，人大概在幾分鐘內就會死亡。為什麼我們要呼吸？此外，人們都說喝水非常重要，為什麼需要喝水？吸進去的氧氣和喝進身體的水，又都跑到哪裡去了呢？

你的肺活量有多大

安靜下來時，有沒有感覺到自己的胸部正在緩慢的上下起伏著？這是因為我們呼吸的緣故。平時人們呼吸大約只用到整個肺活量的十分之一，所謂的肺活量，就是指深吸一口氣後，吐出的最大空氣量。你的肺活量有多大呢？一起來做個簡單的實驗，測試一下你真正的肺活量吧！

▌你需要準備

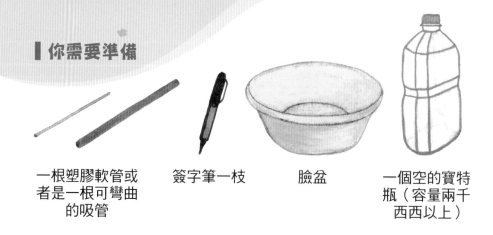

一根塑膠軟管或者是一根可彎曲的吸管

簽字筆一枝

臉盆

一個空的寶特瓶（容量兩千西西以上）

▍進行步驟

1 在臉盆裡裝入半盆水。

2 再將空的寶特瓶裝滿水，蓋上蓋子。

3 將裝了水的寶特瓶倒置在臉盆裡，瓶口下壓到臉盆底部，再將蓋子打開。小心不要讓空氣跑進去，維持寶特瓶倒立。

4 把塑膠軟管（或是可彎曲的吸管）的一端插入瓶口內。

5 深吸一口氣後，對著塑膠軟管（或吸管）吹氣。空氣進入寶特瓶後，瓶內的水位會逐漸下降。在水位降到最低點時，用簽字筆在保特瓶上做個記號。

6 找同學或家人一起做，看看他們可以從寶特瓶裡排出多少水？比比看，誰的肺活量最大！

當你深深吸氣，並且都吐光時，可以從寶特瓶中觀察到你所呼出的最大空氣量，也就是你的肺活量呵！

邊玩邊學

　不論做什麼，我們無時無刻都在呼吸。為什麼人要呼吸呢？這是因為人體內有無數的細胞，彼此分工合作維持身體的運作，例如消化食物、說話、運動，甚至睡覺，細胞都不斷的在工作。而細胞工作需要消耗大量的氧氣，所以人需要不停的呼吸 —— 吸入空氣中的「氧氣」，呼出細胞代謝後的廢物 ——「二氧化碳」。

　有時候在人多且密閉的空間待久了，會感到頭暈腦脹，就是氧氣不足的關係。人體需要乾淨的空氣，就像汽車行駛少不了汽油一樣。

▲ 無論我們醒或睡，吃飯或說話，都持續不斷的在呼吸。

氧氣由鼻腔進入到達肺

　　當我們吸氣時，氧氣由鼻腔進入體內，一路經過喉嚨、氣管，到達肺部。我們的肺分為左右兩側，共有五片肺葉，左二右三，每片肺葉就如同一棵大樹，有許多分支的樹幹，稱為支氣管。這些支氣管再分支成細小支氣管，最尾端的是一群氣囊，稱為肺泡。人體吸入的氧氣最後會到達肺泡。

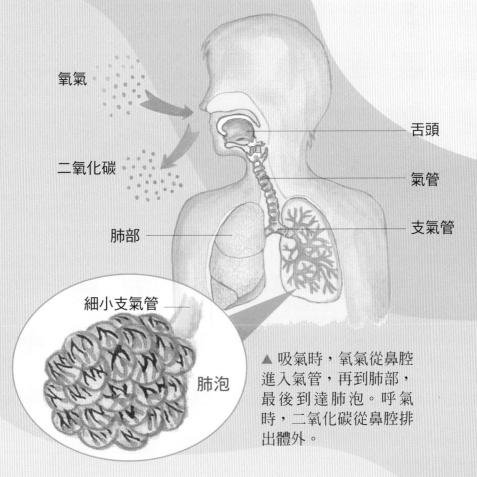

氧氣

二氧化碳

肺部

舌頭

氣管

支氣管

細小支氣管

肺泡

▲ 吸氣時，氧氣從鼻腔進入氣管，再到肺部，最後到達肺泡。呼氣時，二氧化碳從鼻腔排出體外。

在肺泡進行氣體交換

　　肺臟大約有數百萬的肺泡，外表如葡萄，上面布滿了密密麻麻的微血管。當肺吸進氧氣時，紅血球就會將進入肺泡的氧氣運送到全身的細胞，提供細胞利用。另外，血液也會把身體各部位細胞裡的二氧化碳運送到肺泡，在我們呼氣時，再一路經過支氣管、氣管，從鼻腔排出體外。身體需要的氧氣和不需要的廢氣二氧化碳就透過一呼一吸，在肺泡裡進行氣體交換，獲得氧氣，排出二氧化碳。

吸氣時　　　　　　　　氧氣

▲ 肺泡鼓脹，充滿氧氣，微血管裡的紅血球會將肺泡裡的氧氣帶走，運送到全身。

呼氣時　　　　　　二氧化碳

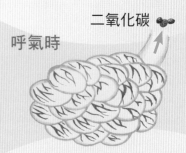

▲ 肺泡塌陷縮小，肺泡裡的二氧化碳被排出體外。

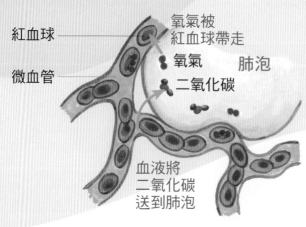

紅血球

微血管

氧氣被紅血球帶走

氧氣

二氧化碳

肺泡

血液將二氧化碳送到肺泡

◀ 氧氣和二氧化碳在肺泡中進行交換。

多運動　呼吸新鮮空氣

　　當人在空氣不流通的地方待久了之後，常會覺得頭暈腦脹，這是因為身體的氧氣不夠了。

　　平常我們呼吸時，用到的空氣量很少，但是在激烈運動時，吸吐的空氣量，可以高達平常的二十倍呢！所以，多運動可促進血液循環，進行大量的氣體交換。偶爾到郊外做做深呼吸，會讓我們變得更健康呵！

身體怎麼排出水分

我們的身體每天都會流失大量的水分，除了上廁所和出汗之外，身體還透過其他方式排出大量的水分喔！今天透過簡單的實驗就可以清楚了解呵！

▌你需要準備

一捲醫療用膠帶

一個透明塑膠袋（大小足以包裹住腳掌）

一面鏡子

▌進行步驟

實驗一

1 用塑膠袋套住不穿襪子的腳掌，袋口在腳踝部位綁好，再用膠帶環繞幾圈固定，避免有縫隙。

2 在室內自由行走。二十分鐘後感受一下兩腳有沒有什麼不同？被塑膠袋包住的腳掌是否出汗了？

3 仔細觀察一下塑膠袋，可能會看到有一點霧霧的，打開塑膠袋摸摸看，裡面是否有少量的水？

實驗二

1 用面紙將鏡子擦拭乾淨。

2 把鏡子拿到眼前，儘量靠近自己的臉，但不要碰到臉或嘴脣。

3 對著鏡子輕輕呼氣，或輕吹一口氣，然後仔細觀察鏡面的變化。

4 吹氣時，鏡面會變得霧霧的，再用手指摸摸看，那是水蒸氣凝結成的水呵！

邊玩邊學

人體是由無數細胞組成的，細胞內、外都充滿了液體，因此，「水」是人體相當重要的組成份子。平均而言，我們身體裡有百分之七十是水分；通常年紀越輕，身體含水量越高。

 透過水分排除廢物

細胞活動時，會產生一些代謝後的廢物，需要透過水分從身體排泄出去。每天，除了看得見的尿液之外，呼吸時所呼出的水蒸氣與二氧化碳，以及不知不覺中流的汗，也都是身體散失水分、排出廢物的方式。所以，我們每天都需要補充足夠的水分。

◀ 我們呼氣時，除了排出二氧化碳，同時也會排出少量的水蒸氣。因此，我們在呼吸時，不知不覺間，身體也會散失掉不少水分。

腎臟製造尿液

　　飲食中的水分經過人體吸收後，多餘的水分會經由呼吸、汗液和尿液排出體外。其中以排尿的量最大。以三十公斤重的小朋友來說，一天的排尿量大約八百到一千四百西西，呼氣、流汗和皮膚蒸發的水分，可達三百到八百西西。

　　腎臟是製造尿液的重要器官，位於後背中間，左右各一個。細胞代謝後的廢棄物會透過血液來到腎臟。由腎臟再逐一過濾，留住對身體有用的物質如葡萄糖、胺基酸等和大部分的水分，不必要的廢物和多餘水分則形成尿液，排出身體外。

▶ 身體代謝後產生的廢物，經由血液來到腎臟。腎臟製造的尿液由輸尿管進入膀胱儲存，當尿液累積到一定的量，我們就會感到尿意而想上廁所了。

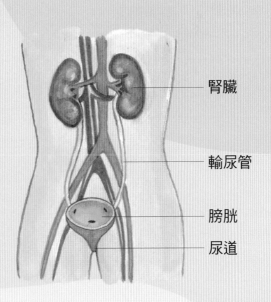

腎臟

輸尿管

膀胱

尿道

藉散熱調節體溫

我們呼氣、排尿和流汗不只排出體內代謝廢物和多餘的水分，也是身體調節體溫的方式呵！

人是恆溫的動物，體溫保持恆定，通常維持在攝氏三十七度左右。當體溫上升時，例如運動過後，我們就會大量流汗，呼吸急促，利用汗液在皮膚表面蒸發，以及呼出水蒸氣，將體內多餘的熱能釋出，以降低體溫，維持身體內部溫度的恆定。

多喝水不憋尿　腎臟沒負擔

　　腎臟有非常複雜彎曲的迴路，可以精密的調控體內的水分和電解質。如果水喝得少，或是食物吃得太鹹，腎臟就會很努力的把水分盡量留在體內，減少排尿量。多喝水可以幫助腎臟輕鬆的工作，也能使體內代謝的廢物和有毒物質透過正常的尿量排出體外。

　　感覺有尿意時，就要去上廁所，不要憋尿，以免尿液在體內存留時間太長，造成細菌在尿液中繁殖，容易導致尿道感染，引發膀胱炎，甚至腎臟炎。

　　另外，維護腎臟健康，也要注意飲食來源。許多有毒物質是經由腎臟作用排出體外的。因此，多吃天然健康食物，飲食清淡，聽從醫師的指示用藥，避免服用來源不明的藥品，這樣才能減少腎臟的負擔呵！

8

生殖與遺傳

俗語說：「龍生龍，鳳生鳳，老鼠的兒子會打洞。」一起來看看我們如何「繼承」來自父母親的特質。還有，生男或是生女，哪一個機會更高呢？

性染色體決定
你是男還是女

動動手 玩一玩

　　小朋友，有沒有想過你為什麼是男生，或是女生？你知道性別是如何決定的嗎？藉由以下的小實驗，讓圍棋的白子與黑子告訴你答案。

▌你需要準備

膠帶

兩個不透明杯子

剪刀

一枝筆和圓規

兩張白紙

圍棋白子五顆與
黑子十五顆

1 先在一張白紙上寫下兩組字「卵子」和「精子」，再將這兩組字分別剪下來，貼在兩個杯子上。

2 數好圍棋的數量，在貼有「卵子」的咖啡杯內放十顆黑子；然後在貼有「精子」的咖啡杯內放五顆黑子。

3 在貼有「精子」的咖啡杯內繼續放五顆白子，然後將杯內的白子和黑子充分的混合。

4 利用圓規在另一張白紙上畫出直徑三公分的圓形，共十個。

5 將兩個杯子靠近你，白紙放在杯子前方。

6 左右手分別從杯子裡隨機各拿出一顆棋子，放進紙上的其中一個圓形裡，不刻意選擇白子或黑子。

7 繼續分別從兩個杯子裡各拿出一顆棋子，放進另一個圓形。重複這樣做，直到杯子內沒有棋子了，而每個圓形裡都有兩顆棋子。

在上一頁的遊戲中，每一個圓形代表著出生嬰兒的性別，兩個黑色棋子代表女生，一黑一白代表男生。在這十個「嬰兒」中有五個是女生，五個是男生。你會發現，生男和生女的機率是一樣的。

性別藏在基因裡

就像一顆小種子逐漸發芽長大，我們也是由父母分別提供的細胞 —— 精子和卵子，結合之後經過一段時間的孕育發展，才逐漸成為現在的模樣。精子和卵子分別攜帶了具有父母遺傳特性的生命密碼DNA（基因）。DNA也決定了我們是男生還是女生。

精子　　　　　　　　　　　卵子

我們的身體是由細胞所組成的，生命密碼DNA則躲在細胞裡的二十三對染色體裡，其中有一對染色體會決定我們的性別，叫做「性染色體」，每個人都有一對，也就是有兩個性染色體。女生有兩個X染色體，就是「XX」；男生則有一個X染色體和一個Y染色體，也就是「XY」。

由於媽媽的卵子只提供一個X染色體（實驗裡的黑子），爸爸的精子提供X染色體（實驗裡的黑子）或Y染色體（實驗裡的白子）。精子和卵子結合之後就成為XX（女生），或是XY（男生）了。

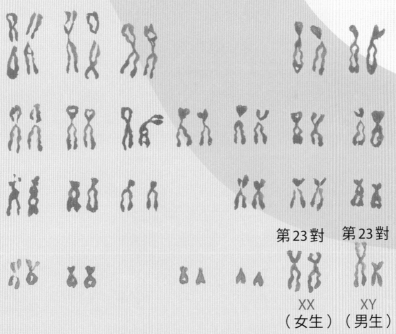

第23對　第23對

XX　　XY
（女生）（男生）

▲ 人體有二十三對染色體，第二十三對染色體決定性別。

💡 在媽媽肚子裡的九個月

　　我們的生命從媽媽的子宮內開始。精子和卵子在媽媽的身體裡結合，稱為「受精卵」。受精卵很快的一分為二，每一個小細胞再不斷的分裂為兩個細胞。接著，原本的受精卵就成為一大團細胞。經過持續的細胞分裂，細胞數量不斷增加；在此同時，細胞的形狀也開始變得各式各

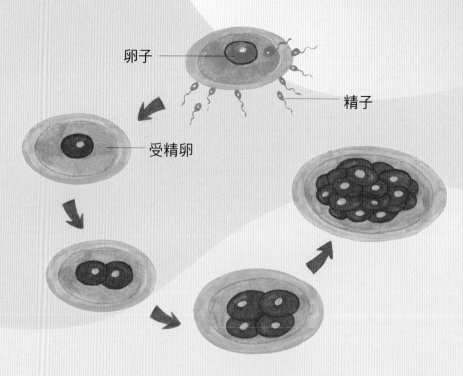

卵子

精子

受精卵

▲ 精子和卵子結合後，稱為「受精卵」。受精卵會分裂為兩個細胞，經過持續的細胞分裂，細胞數量增加，原本的受精卵就成為一大團細胞。

樣，功能和特性也不同；有些成為神經細胞，有些則成為肌肉細胞或血球等，新生命就這樣出現了。

胎兒在媽媽體內是逐漸成形的，大約第四週左右就可以聽到心跳聲，然後慢慢長出四肢和五官。五個月左右，媽媽有時候會感受到小寶寶輕輕踢著肚子，他們會睡覺，也能聽到爸爸和媽媽跟他們說話呢！

胎兒在媽媽的子宮內通常需要待上九個月，才會發育完全，然後準備出生和大家見面。

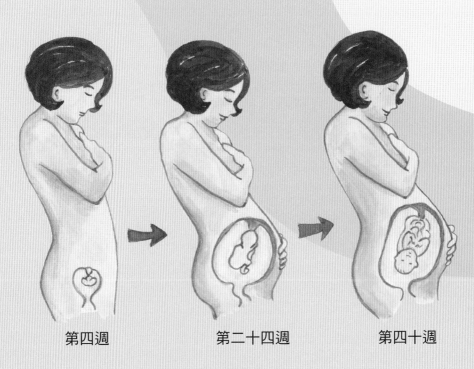

| 第四週 | 第二十四週 | 第四十週 |

▲ 胎兒在媽媽體內逐漸成形。

臍帶的遺跡 —— 肚臍

　　觀察一下你的肚子，中間是不是有一個凹進去的肚臍？你知道為什麼我們會有肚臍嗎？

　　胎兒在媽媽的子宮內，四周充滿了羊水，胎兒就是透過肚臍上的臍帶，吸收媽媽提供的氧氣，和消化過的營養物質。當我們出生之後，醫生會將臍帶剪斷。一個月左右，接觸空氣後的殘餘臍帶會自動掉落，於是就留下臍帶的遺跡 —— 肚臍。

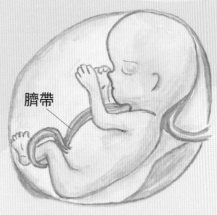

▲ 胎兒在子宮內，透過肚臍上的臍帶，吸收媽媽提供的氧氣和消化過的營養物質。

◀ 腹部下方凹進去的地方，稱為肚臍。

按摩腹部 讓身體更健康

　　腹部是我們身體中比較不容易運動到的部位，其中有許多重要的內臟，如腸胃等消化器官，經常按摩腹部，對身體是有好處的。以肚臍為中心順時針或逆時針方向按摩，可以幫助消化，還能使排便更順暢呵！

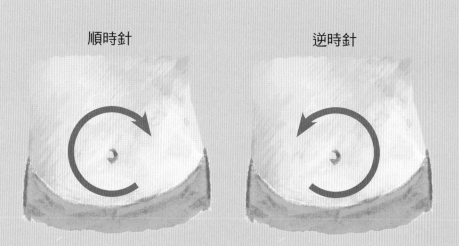

順時針　　　　　　　　　逆時針

▲ 以肚臍為中心，順時針或逆時針方向按摩，可以幫助消化。

你像爸爸還是媽媽

動動手 玩一玩

　　有沒有人說你長得像爸爸或媽媽？為什麼我們會得到父母的遺傳？透過簡單拋擲硬幣的實驗，就可以了解遺傳是如何形成的。

筆　　　　　　　尺

你需要準備

剪刀　　透明膠帶　　廚房紙巾　　兩個硬幣　　兩張白紙

進行步驟

1 在一張白紙上寫下「T」、「T」、「t」、「t」四個英文字母。

2 把字母剪下來，用膠帶貼在每個硬幣的一面將貼上「T」，另一面貼上「t」。

3 用尺在另一張白紙上畫出以下的表格。

	第一回	第二回	第三回	第四回	第五回
TT					
Tt					
tt					

4 將紙巾鋪在桌面上，邊緣壓平。

5 開始第一回投擲硬幣，並將硬幣包覆在兩個掌心當中，稍微搖晃一下，然後往下拋進紙巾裡。

6 看一下硬幣上的英文字母，如果是兩個T，就在第一回的TT欄旁畫一個X；如果是Tt，就在Tt欄旁畫X；同理，如果是兩個t，在tt欄旁畫X。

7 再重複三次拋擲硬幣的動作，並作記錄。每一回需要拋擲硬幣共四次。

如果實驗的次數夠多，平均而言，TT、Tt和tt出現的機率分別會是1：2：1。

8 找同學或家人一起做做看，多試幾回，看看結果如何。

　　我們每個人都是由父母的精子與卵子細胞結合之後，才發育成現在的模樣。在精子與卵子細胞內，含有攜帶父母親遺傳特徵的物質 —— 基因（DNA），這些基因決定了我們許多特徵，包括膚色、身材、臉型和血型等。

　　所以，父母的某些特質會透過基因傳遞給子女，這就是「遺傳」，一份來自父母親珍貴的禮物。

　　▲ 父母與子女之間面貌相似或具備共同的特徵，都是基因傳遞的結果。

遺傳是怎麼發生的

　　大部分的遺傳特徵可分為「顯性」或「隱性」。顯性是指遺傳的特性會表現出來；隱性則指遺傳的特性不會表現出來。顯性的基因型態可用「TT」或「Tt」代表；隱性的基因則以「tt」代表。

　　舉例而言，酒窩就是屬於顯性的遺傳特徵。有酒窩的人，基因型態是「TT」或是「Tt」；沒有酒窩的人，基因的型態則是「tt」。舉例來說，父母雙方都有酒窩，而且父母雙方的基因型態都是「Tt」，那麼，生下來的孩子可能有酒窩（基因型態為「TT」或「Tt」）；當然，也可能沒有酒窩（基因型態為「tt」）。

　　由表格可得知，孩子有酒窩的比例為百分之七十五（TT占百分之二十五，Tt占百分之五十），沒有酒窩的比例則是百分之二十五（tt）。

	T	t
T	TT	Tt
t	Tt	tt

註：藍色區塊表示父親提供的基因；黃色區塊表示母親提供的基因

▲ 有酒窩的人，可能是得到來自父母雙方具有酒窩的基因「TT」或「Tt」。

💡 其他形式的遺傳

　　孟德爾是現代遺傳學之父，一百多年前，他從豌豆的系列實驗中發現了遺傳的奧祕。之後經過科學家不斷的研究發現，許多遺傳特質並不是單純的由兩對基因控制，而是經由多對基因共同操控的現象，例如：身高、胖瘦、膚色、智商等。這些遺傳的表現，也受到後天影響，因此具備肥胖基因的人可經由後天的努力，透過飲食控制和運動，將體重維持在合理的範圍內。

　　此外，有些疾病也會遺傳，例如色盲、血友病和白化症。科學家正在努力研究，想知道基因和許多疾病的關係，引發特定的疾病是哪一個基因，以及這些遺傳特性究竟如何受到外在的影響而表現出來，那麼，我們就可以在生活中注意而避免疾病發生了。

◀ 現代遺傳學之父孟德爾。

血型猜一猜

　　人有四種血型，血型與基因的關係分別是：A型（AA或Ai）、B型（BB或Bi）、O型（ii）和AB型（AB）。

　　如果爸爸是A型（基因型態是Ai），媽媽是B型（基因型態是Bi），那麼，生下的小孩可能有哪幾種血型？

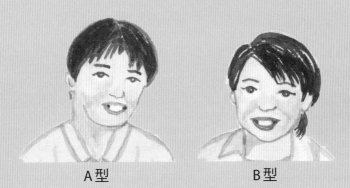

A型　　　　　　　B型

答案：

	A	i
B	AB	Bi
i	Ai	ii

可能生下A、B、O、AB四種血型的孩子，機率各為百分之二十五。

9

人體免疫力

新冠病毒可以說是極為少見
的超級大病毒，讓我們一起
來認識它吧！為什麼洗手可
以預防感染？人體又是如何
阻擋病毒和細菌的攻擊呢？
此外，除了洗手和戴上口
罩，還有什麼方法可以提高
身體的免疫力呢？

勤洗手
大家一起來抗疫

動動手 玩一玩

　　在二〇一九年年底，新冠病毒開始肆虐全球，造成重大傷亡，經濟嚴重停擺，小小的病毒竟然可以帶來如此大的危害。老師說，戴口罩、勤洗手、消毒環境可以避免感染。今天透過簡單的實驗，了解為什麼「洗手」能夠讓我們跟病毒說 Bye Bye？

▌你需要準備

一碗水

胡椒粉

肥皂
（或洗手乳）

▌進行步驟

1 碗裡倒入八分滿的水。

2 將胡椒粉灑進碗裡，使它們均勻密布在水面上。

3 將一根手指伸入碗內，仔細觀察水面，會發現胡椒粉仍均勻的懸浮在水面，沒有太大的變化。

4 雙手沾水後，抹上肥皂，再將手指伸入碗中，可以看見胡椒粉立刻遠離沾有肥皂液的手指，這個現象就是肥皂清潔作用的原理。

　　肥皂的每個細小分子，同時含有親水與親脂的分子結構。當沾了肥皂的手指放進水中，親脂的部分會聚集在一起，將浮在水面上的胡椒粉往外推。我們洗手搓揉時，肥皂的親脂結構會和病毒含有脂質成分的外殼聚集，破壞病毒的結構，最後透過沖水的步驟，將沾附在手上的病毒和其他髒汙物質一起沖掉。

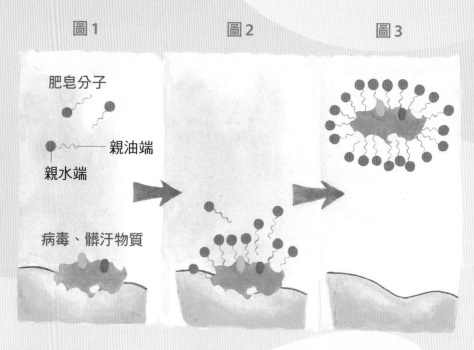

▲ 肥皂溶解於水中，會分解成許多細小的分子（圖1），親油脂的一端會附著於病毒表面或髒汙物質上（圖2），在沖洗時一起將病毒帶走（圖3）。

新型冠狀病毒是什麼？

　　自然界存在著上千萬種肉眼看不見的細菌和病毒，會讓人生病的其實只占少數。早期人類面對傳染病是無能為力的，直到顯微鏡發明後，才真正看見「細菌」的樣貌，而比細菌更小的「病毒」，則要等到光學顯微鏡問世，才被人類所認識。

　　細菌的遺傳物質是雙股的DNA，緊緊纏繞在一起，缺乏核膜包裹，與細胞質沒有明顯的界限。病毒的構造比細菌更簡單，這次引爆全世界重大疫情的新冠病毒，就是病毒中的厲害角色，球形外殼包覆著簡單的遺傳物質RNA。病毒是介於生物和無生物之間的物質，無法單獨存活，只有在宿主體內才能表現生命現象並且大量繁殖。

　　新冠病毒主要透過飛沫，或是眼、口、鼻的黏膜進入人體。細胞一旦被感染，病毒就利用細胞內的資源不斷自我複製，最後細胞死亡，釋放出成千上萬個病毒，再感染健康的細胞。這就是小小的病毒何以能夠使人生病，甚至死亡。

　　新冠病毒的感染力極強，被感染的人會透過唾液、噴嚏和咳嗽，將病毒再傳染給其他人，也因此在短短幾個月內席捲全球，幾乎所有國家、重要城市無一倖免。

人體的防禦系統

病毒或細菌來勢洶洶，人體當然也不是省油的燈。第一道防線是皮膚和黏膜，皮膚可以阻擋病原體進入體內；口腔、鼻腔和呼吸道的黏膜能夠將外來物質慢慢推出體外；黏液含有破壞病原體的酵素；胃酸能殺死大部分的病菌。第二道防線是血液中的白血球（如吞噬細胞和殺手細胞）會四處巡邏，攻擊外來異物（當身體需要對付外來病原體時，白血球數量會大幅增加）。最後一道防線則是啟動免疫力，識別對人體的有害物（如病原體，簡稱抗原），產生抗體與之結合，使病毒無法產生破壞力。

病毒或細菌能否致病，通常和入侵的數量與自身的免疫力能否與之抗衡極有關係。因此，提升自身免疫功能，減少接觸病菌的機會都是必要的。勤洗手、戴口罩能夠有效阻隔與病毒或細菌接觸的機會，小小動作成了防疫的大功臣。

在醫療的層次上，可以研發疫苗，透過少量、毒性減弱或是死亡的病毒，誘發體內的免疫功能，就像流感疫苗一樣，或是發明抗病毒藥物。

提高免疫力 充足睡眠很重要

提升免疫力，最重要的是足夠的睡眠。睡眠能夠幫助細胞修復、恢復身體的疲勞，除此之外，大腦也可以得到休息，有助於記憶和學習。

研究發現，當我們熬夜到凌晨三點時，血液中的殺手細胞減少了百分之三十，白血球的活動力也變差了。如果整晚熬夜，第二天殺手細胞的數量會大幅減少，此時，潛藏在周遭的各種病毒、細菌會伺機而入，身體就容易生病，例如感冒。如果長期缺乏足夠的睡眠，免疫力自然低下。

一般而言，成人每天需要八小時的睡眠，孩童每天約需九到十小時以上。怎麼知道自己有沒有睡飽呢？有幾種簡單的方法可以判斷：首先，早上不靠鬧鐘就能自動醒來；其次，如果一躺下，五分鐘內就呼呼大睡，表示你可能太累了，缺乏足夠的睡眠；最後，如果白天頻繁的打瞌睡，也是睡眠不足的表現呵！

科學圖書館007

人體健康遊樂園
邊玩邊學 從小培養健康力

作　　　者　陳盈盈
插　　　畫　黃美玉

書籍策畫　張至寧
責任編輯　甯　靜　黃文慧
封面設計　游鳳珠
美術編輯　游鳳珠
校　　對　張亮亮

總 編 輯　黃文慧
編　　輯　許雅筑
行銷總監　祝子慧
行銷企劃　林彥伶　朱妍靜
印　　務　黃禮賢　李孟儒

社　　長　郭重興
發行人兼出版總監　曾大福
出　　版　遠足文化事業股份有限公司 / 快樂文化出版
FB粉絲團　https://www.facebook.com/Happyhappybooks
發　　行　遠足文化事業股份有限公司
地　　址　231 新北市新店區民權路 108-2 號 9 樓
電　　話　(02) 2218-1417 / 傳真：(02) 2218-1142
電　　郵　service@bookrep.com.tw / 郵撥帳號：19504465
客服電話　0800-221-029 / 網址：www.bookrep.com.tw
法律顧問　華洋法律事務所蘇文生律師
印　　刷　凱林印刷股份有限公司

初版一刷　西元 2020 年 12 月
定　　價　450 元
Ｉ Ｓ Ｂ Ｎ　978-986-99532-3-8 (平裝)

國家圖書館出版品預行編目 (CIP) 資料

人體健康遊樂園：邊玩邊學 從小培養健康
力/陳盈盈著；黃美玉插畫. -- 初版. -- 新北
市：快樂文化出版，遠足文化事業股份有限
公司，2020.11
　面；　公分. -- (科學圖書館；7)
ISBN 978-986-99532-3-8(平裝)

1.人體學 2.通俗作品

397　　　　　　　　　　109017674